国家重点研发计划"雄安新区生态基础设施及生态安全格局构建技术"项目
（2018YFC0506901）

国家自然科学基金"京津冀自然保护地体系构建与优化管理研究"（42071257）

2020年河北省"双一流"学科建设项目

河北师范大学学术著作出版基金（L2020C02）　资助出版

华北密云水库流域森林景观恢复策略研究

李 皓　杨晓晖　张克斌　著

U0350027

中国环境出版集团·北京

图书在版编目（CIP）数据

华北密云水库流域森林景观恢复策略研究/李皓，杨晓晖，
张克斌著. —北京：中国环境出版集团，2020.12
ISBN 978-7-5111-4523-9

Ⅰ．①华…　Ⅱ．①李…②杨…③张…　Ⅲ．①水库—
森林景观—景观规划—研究—密云区　Ⅳ．①S718.5

中国版本图书馆 CIP 数据核字（2020）第 251374 号

出 版 人	武德凯
责任编辑	李士卿
责任校对	任 丽
封面设计	彭 杉

出版发行　中国环境出版集团
　　　　　（100062　北京市东城区广渠门内大街 16 号）
　　　　　网　　　址：http://www.cesp.com.cn
　　　　　电子邮箱：bjgl@cesp.com.cn
　　　　　联系电话：010-67112765（编辑管理部）
　　　　　发行热线：010-67125803，010-67113405（传真）
印　　刷　北京建宏印刷有限公司
经　　销　各地新华书店
版　　次　2020 年 12 月第 1 版
印　　次　2020 年 12 月第 1 次印刷
开　　本　787×960　1/16
印　　张　15.5
字　　数　240 千字
定　　价　55.00 元

中国环境出版集团郑重承诺：
中国环境出版集团合作的印刷单位、材料单位均具有中国环境标志产品认证；
中国环境出版集团所有图书"禁塑"。

内容简介

　　密云水库流域作为华北地区重要的地表饮用水水源地，近年来遭遇了流域生态系统服务退化、地区发展差距加大等多方面挑战，已经严重影响到北京城市饮用水安全。本书采用多学科定量研究方法，探讨了密云水库流域森林景观恢复策略问题，为保障华北地区大都市供水安全提供更多技术对策和定量支撑。具体内容包括：①采用贝叶斯网络模型和有序加权平均（OWA）方法，分别在立地和子流域尺度上划分出森林景观恢复优先区，并对划分结果进行敏感性分析；②从森林生态系统优化管理角度，提出流域森林景观恢复技术策略；③从社区参与角度，定量研究如何设计合理的政策措施，激励社区居民积极参与森林景观恢复项目，确保长期恢复效果。

　　本书可供生态学、地理学、环境科学等专业的研究、管理人员以及高等院校师生参考。

前　言

　　京津冀地区所在的华北平原属于我国重度资源性缺水地区，区域内92%的区（县）人均水资源量低于国际公认的 500 m³ 极度缺水警戒线，特别是北京人均水资源量不足 100 m³，仅为全国平均水平的1/20。多年来，随着京津冀社会经济的飞速发展和城市人口的"爆炸式"增长，境内形成北京、天津、石家庄三个人口过千万的大都市圈，截至2018年年底，三个城市总人口达 4 809 万人，现有水源地无法满足城市需要，均需从外界调水，水资源供需矛盾日益凸显。

　　密云水库位于华北平原北部，设计库容43.75亿 m³，是华北地区最大的人工湖。其水源主要来自潮河和白河，流域面积 15 788 km²，其中80%位于上游河北省张家口市和承德市。目前，作为唯一的地表饮用水水源，密云水库供应首都北京近一半的饮用水。因此，密云水库上游，特别是河北省境内水源地的保护与恢复，对于北京市乃至京津冀协同发展意义重大。但是，多年来受区位、资金和自然禀赋等条件制约，上游河北省水源地面临森林景观退化、保护与发展矛盾突出、缺乏有效恢复策略等一系列资源和社会挑战。

　　国内外学者分别从工程、政策和技术角度出发，研究了如何提升大都市水源地水生态系统服务能力。其中，开展景观尺度的恢复评估和措施，被广泛认为是一种合理可行的技术解决方案。森林景观作为一种具体的景观类型，是以森林生态系统为主体的景观，也包括在景观整体格局和功能中发挥重要作用的其他类型的景观。森林景观恢复是指恢复退化森林景观的生态系统服务，同时改善人类福祉的过程，强调"保护—发展"权衡关系。目前，森林景观恢复理念已在世界各国保护实践中得到成功应用。

本书以华北地区重要的饮用水水源地——密云水库流域为研究对象，基于森林景观恢复和生态系统服务权衡技术理论，突破以往的单一学科局限，从林学、自然地理、景观生态和生态经济等多学科角度出发，采用贝叶斯统计、多准则决策和多目标优化以及选择实验模型等定量研究方法，分别从子流域和立地尺度，研究密云水库流域森林景观恢复优先区域，并分析不同决策准则的敏感性。在此基础上，针对不同管理目标，提出立地水平上经过优化的森林生态系统恢复策略。最后，对流域森林景观恢复过程中的农户参与问题进行了探讨，提出了针对性策略，确保恢复成果的长期可持续性。

当前，开展京津冀大都市水源地森林景观恢复、提升其水生态系统服务能力、确保区域生态安全，已成为"京津冀协同发展"国家战略的基本要求和重要保障。因此，本书不仅能够为密云水库森林景观恢复提供科学有效的技术策略，还可为包括京津冀在内的我国大都市水源地乃至世界同类地区的相关工作提供具体技术指导。

感谢澳大利亚联邦科学与工业研究组织（CSIRO）水土资源研究所陈芸教授和上海师范大学地理系於家副教授，他们向作者无私分享了 AHP-SA 分析软件和有关论文资料。感谢加拿大 aiTree Ltd. 公司刘国良博士无偿提供 FSOS 软件供本书研究使用，并与作者进行多次深入而卓有成效的技术讨论。最后，中国环境出版集团为本书出版给予大力支持，李士卿女士为此付出了辛勤的劳动，在此表示诚挚的感谢！

由于作者知识、理解能力有限，书中内容难免有不妥之处，敬请广大读者不吝赐教！

李　皓

2020 年 12 月

目　录

1 绪论

北京地处华北重度资源性缺水地区，气候连年干旱。截至 2016 年，北京市多年平均降水量仅为 585 mm（北京市水务局，2017）。目前，北京市人均水资源不足 100 m³，仅为全国平均水平的 1/20；京津冀区域内 92%的区（县）人均水资源量低于国际公认的 500 m³ 极度缺水警戒线（Zhang et al.，2010；邱晨辉，2017）。近年来，北京城市人口的"爆炸式"增长和社会经济的飞速发展对境内主要水体产生了剧烈的人为干扰，也进一步加剧了水资源危机。目前，北京五大水系（永定河水系、拒马河水系、温榆河水系、潮白河水系、沟河水系）内 70 条河流（2 300 km）中的 54 条（912 km）正面临着严重的污染问题，主要原因在于工农业生产及生活垃圾处理，这些活动向河流中排放的污水至少达 13 亿 m³，造成的经济损失约合每年 GDP 的 1%～3%。2000—2003 年，上游地区向密云水库及官厅水库（北京市最大的两个水库）排放的总氮（TN）、总磷（TP）和高锰酸钾（COD_{Mn}）总量分别为 10 t、100 t 和 400 t（毕小刚，2011）。

密云水库建成于 20 世纪 60 年代，位于北京东北部，距离北京市区约 100 km。水源主要来自潮河和白河（潮白水系）。水库水面面积 188 km²，设计库容为 43.75 亿 m³。当初设计密云水库的目的是出于防洪、灌溉等综合考虑，然而，在气候变化、人口增长和经济发展的压力下，密云水库的功能已转变为单纯向北京市提供饮用水水源。目前，作为北京唯一的地表饮用水水源，密云水库为北京市提供了近一半的饮用水。由此可见，密云水库流域上游，即集水区的恢复与保护，对于确保北京城市饮用水安全具有十分重要的现实意义。

1.1 密云水库流域面临的挑战

密云水库流域具体指水库上游潮河、白河、黑河、安达木河等一级支流所控制的全部流域范围，流域总面积为 15 788 km²，其中 2/3 位于河北省张家口和承德地区，涉及张家口的赤城、沽源、崇礼、怀来，承德的丰宁、滦平、兴隆等 9 个县以及北京的密云、怀柔、延庆 3 个区。目前，整个密云水库在生态环境和社会经济方面面临如下三方面挑战。

1.1.1 上游来水量减少

多年来，除气候变化的影响外，整个流域生态系统的水源涵养生态服务功能不强，以及上游农村社区无节制的生产和生活用水消耗，造成密云水库水量状况不断恶化。目前，密云水库流域正面临着 20 世纪 90 年代以来最严重的干旱，上游来水不断减少，导致 1999—2017 年水库蓄水量减少了 49%（图 1-1）。

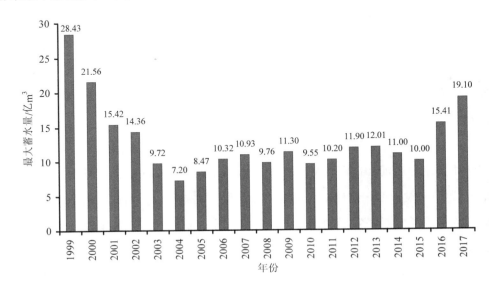

图 1-1　密云水库蓄水量变化（1999—2017 年）

1.1.2 森林水源涵养效益有限

如果流域内具有较大面积的完整森林和湿地，则可以有效地调节径流、净化水源（Grant et al., 2013；Wang et al., 2015；Ellison et al., 2017）。以华北地区中心城市——北京市为例，历史上由于城市建设、战争及捕猎活动，北京市的森林及流域曾面临大面积破坏性砍伐（王九龄，1992）。目前，虽然大规模的植树造林活动已持续了 50 多年，但北京 81.73%的森林仍为中幼龄林（狄文斌和杜鹏志，2013）（图 1-2）。可见，包含密云水库流域在内的整个华北地区森林，其所提供的以涵养水源和净化水质为主的生态系统服务十分有限（余新晓等，2013）。

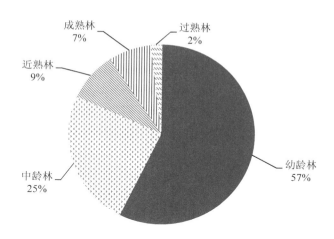

图 1-2 北京市森林资源龄级构成（2009 年）

1.1.3 地区之间的发展差距

密云水库上游地处山区，受区位、资金和自然禀赋等条件制约，其经济发展水平远落后于下游北京地区。近年来，为保障北京市供水，密云水库上游（河北省张家口市、承德市）出台了一系列严格的保护政策。这导致当地经济失去一些发展机会，由此在流域上下游之间长期存在显著的发展差距（图 1-3）。目前，在京津水源地区已形成人口数量高达 270 多万人的贫困带（王彦阁，2010）。这不仅给流域上游地区带来沉重的发展压力，而且增加了整个流域生态系统进一步恶化的风险。

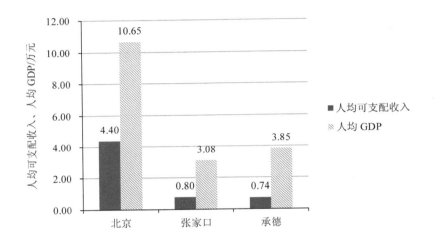

图 1-3　北京与张家口、承德地区人均可支配收入及 GDP 的比较（2015 年）

1.2　密云水库流域保护工作实践

为保护密云水库饮用水水源，中央、地方各级政府开展了以恢复森林植被、提升水源涵养效益为主的各类林业工程和政策实践。多数情况下，这些项目均可视为政府代表生态系统服务受益者（如北京市民），向生态系统服务提供者（如当地社区居民）提供的生态效益补偿。这些工作分别在国家、区域间和区域内三个尺度上实施（王彦阁，2010）。

1.2.1　国家尺度上的生态补偿

为进一步加快环京津地区绿色生态屏障建设，保护潮白河、滦河等主要饮用水水源地，相关部门在国家尺度上相继开展了天然林保护工程、退耕还林工程、京津风沙源治理工程、森林生态效益补偿基金和"三北"防护林建设工程等多个国家级林业工程，累计投资数十亿元，受益农户上百万人（王彦阁，2010）。这在一定程度上遏制了密云水库流域乃至整个华北地区的土地退化危害，区域生态环境明显改善。

1.2.2　区域间尺度上的生态补偿

自 2006 年起，在京冀区域合作政策框架下，北京市政府开始在密云水库流域全面实施以保护密云水库饮用水水源，增加上游农户收入，缩小京冀地区发展差距为主要目标的跨区域生态补偿项目——"稻改旱"和"京冀生态水源林"项目。迄今为止，"稻改旱"项目已将水库上游 6 867 hm^2 水稻田全部改为旱田，给予参与农户 6 750 元/（$hm^2 \cdot a$）的现金补偿［2008 年后增加到 8 250 元/（$hm^2 \cdot a$）］（北京市水务局和北京市财政局，2010）；"京冀生态水源林"项目自 2009 年启动以来，已在河北省境内密云水库上游和官厅水库上游的重要水源保护区投资 8 亿元，建设水源保护林 66 666 hm^2（陈思危和陈志强，2015）。

1.2.3　区域内尺度上的生态补偿

2004 年 8 月，北京在全国率先建立山区生态效益促进发展机制，市财政每年拿出 1.92 亿元用于成立山区生态林管护员队伍，使北京山区 60.8 万 hm^2 集体生态林实现森林健康经营，4 万多名山区农民实现从"靠山吃山"到"养山就业"的历史性转变。补偿资金由市、区（县）两级财政投入，专款专用，通过乡镇财政以直补方式支付给生态林管护员。截至目前，全市 4.6 万余名生态林管护员承担了集体生态林的林木抚育、护林防火和病虫害防治等森林健康经营工作。在此基础上，北京市政府通过购买公共服务的方式，相继为生态涵养区农民提供了农村管水员、农村保洁员、乡村公路养护员、土地矿产资源看护员等多种生态就业岗位，总数已经达到 10 万余个，不仅改善了生态环境质量，而且有效弥补了城乡收入差距。

总体来看，虽然在国家、区域间和区域内都在开展生态补偿工作，但是纯粹以保护密云水库饮用水水源为目标，实施范围也严格限定在密云水库流域内的补偿工作，主要集中在区域间尺度上，这主要与密云水库流域的跨区域特征密切相关。"稻改旱"和"京冀生态水源林"项目在保证下游供水（Zhou et al.，2009；北京市水务局和北京市财政局，2010）、保障参与农户收入方面效果显著（Zheng et al.，2013；梁义成等，2013；Li et al.，2017）。但是，已有研究成果表明，2000—2009 年，密云水库流域境内的森林和城镇面积分别增长了 33% 和 280%，与此同时，流域的供水和净水生态系统服务却下降了 9% 和 27%（Zheng et al.，2016）。可见，目前密云水库流域的森林景观格局和功能还远未达到最佳配置状态，无法满足可持续提供相关生态系统服务的要求。

1.3　研究目标与内容

1.3.1　研究目标

本书以北京市重要的饮用水水源地——密云水库流域为研究对象，基于森林景观恢复和生态系统服务权衡技术理论，突破以往的单一学科局限，从林学、自然地理、景观生态和生态经济等多学科角度出发，采用多准则和多目标优化决策理论以及贝叶斯统计学、敏感性分析和选择实验模型等定量研究方法，分别从子流域和立地尺度，研究密云水库流域森林景观恢复优先区域，并分析不同决策准则的敏感性。在此基础上，针对不同经营目标，提出立地水平上经过优化的森林生态恢复策略。最后，对流域森林景观恢复过程中的农户参与问题进行探讨，提出针对性策略，确保恢复成果的长期可持续性。

在京津冀协同发展的政策背景下，通过开展本研究，期望能够形成一整套密云水库流域森林景观恢复决策技术和恢复策略，提升流域生态系统服务功能，确保北京城市供水安全；改善流域居民生计水平，增强区域经济发展活力；为形成"京津冀一体化"发展新格局，提供更多技术对策和定量支撑。

1.3.2　研究内容

本书主要分为如下五部分内容。

（1）基于贝叶斯网络的森林景观退化风险评价

从立地尺度上的土地利用变化和干扰角度出发，根据 1998—2013 年密云水库流域的土地利用变化情况，甄别其中的干扰源和退化类型，从而掌握其间森林景观变化的先验知识，同时设定合理的风险评估指标，观察其先验概率特征，以此为基础构建贝叶斯网络，根据不同变量间的条件概率特征，来推断今后立地尺度上的退化后验概率（边际概率分布）特征，进而掌握密云水库流域森林景观退化的整体风险，以此来判定需要优先恢复的区域。

（2）采用有序加权平均法确定优先恢复子流域

基于系统工程和多准则决策理论，在综合考虑密云水库流域保护和社区生计改善需要的基础上，统筹考虑设定评估指标，采用有序加权平均法（OWA）结合层次分析法，来确定子流域尺度上的森林景观恢复优先区，有效统筹协调该地区生态保护与经济发展之间的矛盾，为提升密云水库饮用水水源地保护决策的科学化水平提供更多思路和对策。

（3）森林景观恢复优先区决策的敏感性分析

采用敏感性分析法来进一步校准模型。通过发现决策结果与决策准则间隐藏的相关性来调整模型，以更好地适应数据需求，减少决策准则的不确定性所导致的决策结果的不确定性。在流域森林景观恢复优先区划分的基础上，本书采用准则权重和矩阵敏感性分析法对决策结果进行校验，分析各个决策准则的敏感性，帮助决策者确定对决策结果影响最大的准则，以此来减少决策的不确定性，提高决策精度。

（4）基于模拟退火优化算法的森林经营策略

本部分以生态系统服务和管理理论为指导，以密云水库流域承德市滦平县于营子林场为例，探讨人工智能模拟退火优化算法在生态系统管理中的应用，根据森林碳汇和木材生产等不同的生态系统管理目标，研究制定在立地尺度上的土地管理方案（森林经营方案），为土地、森林等自然资源的优化利用决策提供定量支持，实现密云水库流域多种生态系统服务的协同发展。

（5）基于选择实验模型的森林景观恢复农户参与意愿特征及影响因素分析

本部分基于农户调查数据，以跨区域生态补偿项目——"京冀生态水源林"项目为例，运用选择实验模型（Choice Experiment，CE）分析密云水库上游河北省丰宁县农户的项目参与意愿特征及影响因素。在此基础上，提出针对性政策建议，从而为提升密云水库流域社区农户生计水平和参与积极性，确保"京冀生态水源林"项目的长期可持续性，完善现有京冀区域合作生态补偿政策提供定量支撑。

1.4　研究技术路线

本书拟采用的研究技术路线如图 1-4 所示。

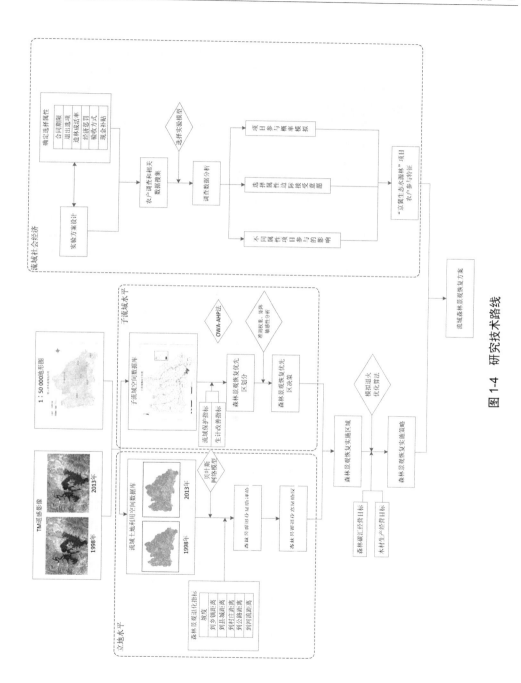

图1-4 研究技术路线

2 国内外研究综述

2.1 理论基础

2.1.1 生态系统管理的尺度

生态系统管理要求决策者了解在一定时空尺度下的生态和社会经济过程（Prato，2000）。空间尺度通常被划分为三个层次，即立地尺度（4～200 hm^2）、景观尺度（200～4 000 hm^2）和地区尺度（上千平方千米）（Prato，2000；傅伯杰等，2001）。其中，立地是一个相对同质的地理区域，具有相同的地形、土壤、气候等地理特征，如某一村庄的农田、某一面山坡的森林等就属于立地尺度。若干地块镶嵌在一起，就构成景观，流域或子流域就属于景观尺度。具有相似的地形、土壤，以及其他自然地理特征的景观，就构成一个地区（Prato，2000）。通常生态系统管理单位就是在同一空间尺度内相互组合，或在不同空间尺度内相互叠加构成，如一个流域以及在此基础上划分出的若干子流域；一个林场，在其内部有若干作业区、林班和小班。以上这些都是不同尺度的生态系统管理单位，如图 2-1 所示。

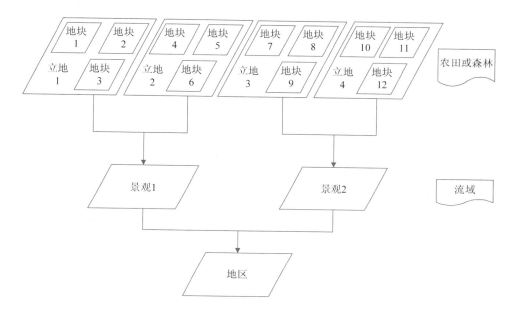

图 2-1 生态系统管理的空间尺度

无论在哪一个空间尺度上，其所提供的生态系统服务受内部各组成单元时空配置的影响都极大。因此，对应于各个尺度的管理方案（Management Plan）就显得极为重要，特别是当尺度由大到小变化时，这种重要性就更显突出。从地区尺度来看，管理方案更多地围绕生态系统服务评估以及优先区划分展开（Fulcher et al.，1999；王彦阁，2010；陈锦，2011；李屹峰等，2013；王大尚等，2014；Ouyang et al.，2016）；而从景观尺度或立地尺度来看，则侧重于土地利用管理和景观优化策略（Baskent et al.，2002；Reynolds et al.，2005；夏兵，2009；余新晓等，2010；夏兵等，2011），特别是在立地尺度上，以森林或林地为研究对象时，这种管理方案就是通常所说的森林经营方案（Sahajananthan，1999；Liu & Han，2009；Karahali□l et al.，2009）。此外，景观或立地管理需要在一定的管理单位内开展，如一个村庄管理自己界内的集体土地，一个林场或农场管理场内的林地或农地。

景观管理在时空尺度上存在相互作用（Prato，2000）。例如，在制定森林经营方案并长期实施的基础上，可以将更多的碳以木材产品的形式储存起来，从而减少碳排放（Liu & Han，2009）。因此，景观或立地所提供的生态系统服务由相关的景观或立地管理的时间和空间配置所决定，景观或立地管理方案除在一定空间范围内规划外，还应考虑时间因素，以确保有效性（Allen，1994；Liu et al.，2000；Liu & Han，2009）。

　　因此，从密云水库流域生态系统管理的角度，本书尝试从子流域和立地两个尺度，对流域开展森林景观恢复规划，以恢复流域以水源涵养为核心的生态系统服务：①子流域尺度，在确定相应的自然和社会经济评估属性的基础上，采用最优化多准则决策方法，来确定森林景观恢复优先区，开展针对性恢复；②立地尺度，以密云水库流域内的某一具体区域（如子流域或林场）为研究对象，在定量评估其森林生态系统服务的基础上，根据不同恢复目标和要求，采用人工智能优化算法技术，在不同生态系统服务间进行有效平衡取舍，形成具体的森林经营策略，用于指导今后一段时期内的生产经营活动，以实现不同生态系统服务在一定空间和时间范围内的最优配置，服务密云水库流域饮用水水源保护。

2.1.2　生态系统服务权衡理论

2.1.2.1　生态系统服务

　　生态系统服务（Ecosystem Services）是指人类从生态系统中直接或间接获得的各种惠益（Costanza et al.，1997，2017；MA，2003；傅伯杰和于丹丹，2016）。生态系统服务包括有形的产品（如淡水、食物等）和无形的服务（如碳汇、水质净化等），具体可划分为：能够直接影响人类福祉的供给服务、调节服务和文化服务三大类以及维持这些服务所需的支持服务，如图 2-2 所示。

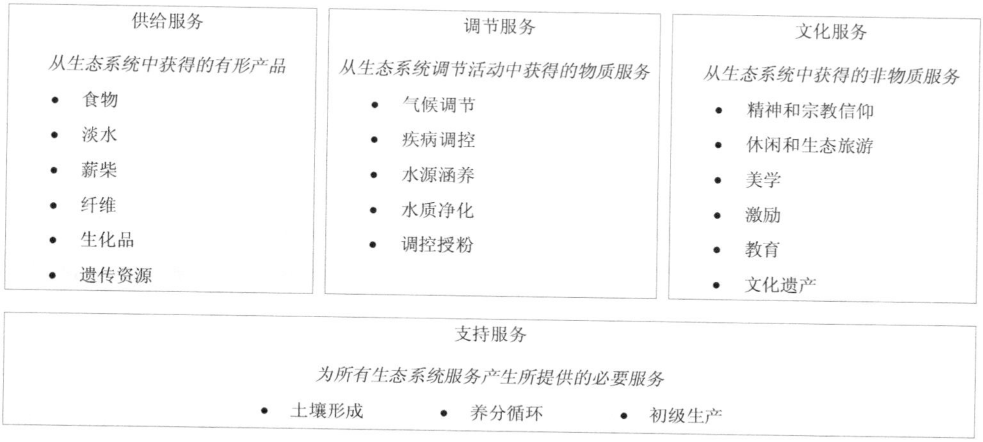

供给服务	调节服务	文化服务
从生态系统中获得的有形产品	从生态系统调节活动中获得的物质服务	从生态系统中获得的非物质服务
• 食物 • 淡水 • 薪柴 • 纤维 • 生化品 • 遗传资源	• 气候调节 • 疾病调控 • 水源涵养 • 水质净化 • 调控授粉	• 精神和宗教信仰 • 休闲和生态旅游 • 美学 • 激励 • 教育 • 文化遗产

支持服务

为所有生态系统服务产生所提供的必要服务

• 土壤形成　　　• 养分循环　　　• 初级生产

图 2-2　生态系统服务

2.1.2.2　生态系统服务权衡

不同生态系统服务之间存在此消彼长的权衡和相互增益的协同关系（Bennett et al.，2009；Groot et al.，2012；Ouyang et al.，2016；Reid et al.，2016；Zheng et al.，2016；戴尔阜等，2016；Costanza et al.，2017）。所谓权衡（Trade-offs），是指由于增加某种类型生态系统服务供给，而导致其他类型生态系统服务供给减少的状况（李双成等，2013）。生态系统服务权衡可能是生态系统服务管理所面临的最重要的挑战（MA，2003）。生态系统管理的目标在于如何改造生态系统，以增加生态系统服务供给，但是每增加一种生态系统服务供给（如木材供给），就会相应地减少其他服务供给（如水源涵养、碳汇等）。此外，对于每一种生态系统服务来说，各自的效益、成本和风险并不是平均分配的，任何一种管理措施势必会改变人类福祉的分布，这同样需要做出权衡决策。生态系统服务权衡的主要研究方法包括数理统计学方法、GIS 空间分析方法、情景模拟方法和生态系统服务流动性分析方法（傅伯杰和于丹丹，2016；戴尔阜等，2016）。

综上所述，生态系统服务权衡主要用于实现不同生态系统服务的可持续供给，在充分认识生态系统服务之间多重非线性关系、类型特征、响应速率、驱动机制和尺度效应的基础上（戴尔阜等，2016），找到生态保护与经济发展之间的平衡点，并相应制定科学合理的生态系统管理措施，以实现自然—人类耦合生态系统的效益最大化。

2.1.2.3 理论意义

（1）在生态系统管理过程中，必须兼顾考虑多种生态系统服务，而不是单纯地追求某一种服务最大化。上百年来人类对生态系统供给服务（淡水、木材等）的过度依赖，导致地球自然资源的日益枯竭，由此增加一种生态系统服务，就会引起其他服务的减少。例如，在密云水库流域，供给服务（粮食、木材生产）与调节服务（水源涵养、水质净化）之间存在十分明显的权衡关系（Ouyang et al.，2016；Zheng et al.，2016）。因此，为使多种生态系统服务效益最大化，需要定量理解生态系统服务之间的相互作用关系。

（2）随着党的十九大报告提出：坚持人与自然和谐共生，树立和践行"绿水青山就是金山银山"的理念。生态保护工作已被放在日益突出的重要位置，这就要求在发展经济的同时加强生态保护。以本书研究案例为例，密云水库流域要保护，当地老百姓也要吃饭，生计亟待改善，这就需要在发展与保护之间做出权衡，找到平衡点。这对于遏制区域生态环境退化、缓解社区生态贫困和提升人类福祉水平具有极其重要的意义。

（3）基于生态系统服务权衡理论的研究分析，能够为流域保护、生态补偿等有关生态保护工作提供定量科学依据。目前，土地利用状况与各种生态系统服务之间的基本关系已经得到广泛理解。例如，针对黄土高原的研究表明，土地利用变化与土壤保持、碳汇间具有正效应，与产水量间存在负效应（傅伯杰和于丹丹，2016）。在此基础上，可设定针对不同生态系统服务的发展目标，如森林碳汇、水源涵养和木材生产等，采用 GIS（地理信息系统）结合多目标优化决策等数量分析方法，来确定最优的土地利用规划以及相应的管理措施。

2.1.3 森林景观恢复理论

景观（Landscape）是指在几十千米至几百千米范围内，由不同类型生态系统组成的、具有重复性格局的异质性地理单元（邬建国，2007）。景观是一个尺度概念。所谓尺度（Scale），是指对某一研究对象或现象在空间或时间上的量度（李博等，2000；邬建国，2007）。这样一来，景观的定义可拓展为：从微观到宏观不同尺度上的，具有异质性或斑块性的空间单元（邬建国，2007）。可见，随着尺度的变化，景观的研究对象、方法和目的都会相应地发生变化。

森林景观（Forest Landscape）是以森林生态系统为主体的景观，也包括在景观整体格局和功能中发挥重要作用的其他类型的景观（张晓红等，2007）。在大规模的人工毁林而造成的全球森林资源退化的背景下，世界自然保护联盟（IUCN）等国际环保组织于2001年提出森林景观恢复（Forest Landscape Restoration，FLR）的概念：恢复采伐迹地或退化森林景观的生态系统服务，同时提高人类福祉的过程（Rietbergen-McCracken et al.，2006；王小平等，2011）。森林景观恢复理念具备如下特点。

2.1.3.1 森林景观恢复是一个尺度概念

同景观概念一样，森林景观也具有尺度特征，需要在一定尺度条件下讨论恢复策略。如流域尺度（上万平方千米）与子流域尺度（几十至上百平方千米）的恢复条件和考虑的措施可能存在差别。Lamb、Gilmour（2003）和Rietbergen-McCracken等（2006）均认为，森林景观恢复的重点是恢复景观尺度上的森林功能，而不仅仅是依靠增加某个地方的森林面积。

2.1.3.2 确定森林景观恢复优先区

由于森林景观单元的异质性特征和不同利益相关方诉求的差异，无法也没必要在景观尺度上均一地开展恢复工作，因此，首先需要确定优先恢复区。优先恢复区的决定因素不仅包括生态条件（Bio-physical Factor），还应包括社会经济条件（Socio-economic Factor）（Rietbergen-McCracken et al.，2006）。其中，生态条件包括森林覆盖率、森林面积、生物多样性、地块坡度和道路交通条件等；而社会经济条件则包括社区人口、居民收入、就业情况和城镇化水平等（Lamb & Gilmour，2003；张晓红等，2007）。目前，确定森林景观优先恢复区这一科学问题，已与地理信息系统和模糊决策等新兴技术相结合，获得了极大的发展，也极大地提高了恢复工作效率和精准水平。

2.1.3.3 需要研究森林景观格局和动态

森林景观恢复是对森林景观整体结构和功能的恢复，而自然因素和人为因素通常是造成景观退化的主要动因。因此，为了更加有效地恢复森林景观，需要首先理解森林景观格局及其动态变化（Lamb & Gilmour，2003；ITTO，2005）。在森林景观格局和动态研究方面，国内外开展了大量研究（Reynolds & Hessburg，2005；Zhao et al.，2005；Wu & Hobbs，2007；李月辉等，2006；邬建国，2007；张晓红等，2007；夏兵，2009；王彦阁，2010；余新晓等，2010；夏兵等，2011；韩文权等，2012）。上述研究采用的主要研究方法包括：景观格局分析空间取样、景观要素斑块特征分析等空间格局分析方法；空间自相关分析（Spatial Auto-correlation Analysis）、变异矩（Variogram）和相关矩（Eorrelogram）等景观格局空间相关关系研究方法；采用马尔可夫模型法和逻辑斯蒂（Logistic）回归模型法，来建立景观动态模拟模型，预测今后景观变化趋势，具有较强的实用性和较高的预测精度。

2.1.3.4 基于立地水平的森林景观恢复技术

森林景观恢复并非简单地将森林恢复到过去的"原始"状态，而是要在恢复森林景观生态系统服务的同时，提高当地社区居民的福利水平，实现人与自然"双赢"的局面。这一原则被称为森林景观恢复的"双重过滤原则"（Double Filtration）（Rietbergen-McCracken et al.，2006）。应用于森林景观恢复的是一套基于退化原始林、经营次生林和退化林地等不同立地条件的弹性恢复技术。ITTO（2005）在总结世界各国经验的基础上，提出了退化原始林、经营次生林和退化林地三种林地条件下的森林景观恢复技术策略。

2.1.3.5 森林景观恢复需要与多利益相关方进行沟通

森林景观恢复涉及许多利益团体：个人、社区、林业工作人员、学术机构、政府等，分别有各自的要求和权利。实施森林景观恢复首先要考虑所有利益相关者的需求，尤其是当地居民的需求。森林景观恢复的实施是一个自下而上的过程，来自生活在这些土地上的人们和受到景观管理直接影响的当地居民，他们拥有传统的与森林有关的知识，可以对恢复活动进行一定的指导。通过相关利益团体的协商和讨论，确定技术上最合适的、社会经济可接受的恢复选择，其中不可避免的一点是土地权衡利用（Land-use Trade-offs）（张晓红等，2007）。这对森林景观恢复的成功是至关重要的，而这一点也是目前国内开展森林景观恢复实践所欠缺的。

综上所述，森林景观恢复的概念框架如图 2-3 所示。

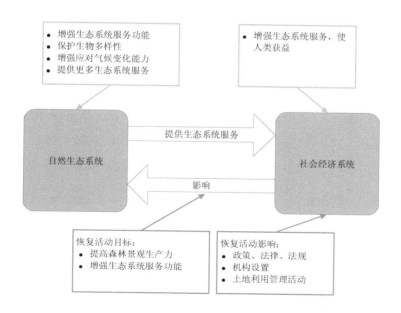

图 2-3　森林景观恢复的概念框架

2.2 国内外研究现状

2.2.1 森林景观恢复优先区划分

2.2.1.1 立地尺度的贝叶斯生态风险评估

有关各种不确定性的推理和描述是现代科学技术研究的难点之一，即在有限的知识和数据下，如何客观、全面地揭示事物客观规律，是每一个科研工作者必须要思考的问题。这时，贝叶斯统计方法显示出它的独特优势。具体来说，贝叶斯统计方法不同于经典频率学派，在频率数据缺乏时也可以讨论概率（张连文和郭海鹏，2006）。另外，贝叶斯统计方法将概率分布视为人们的主观知识，随着外界条件（先验概率和似然函数）的变化而变化，通过更新概率分布来获得优化解，以减少研究结果的不确定性。

目前，贝叶斯统计方法已广泛地应用于医疗诊断、工业应用、金融分析、人工智能、军事国防和生态环境（张连文和郭海鹏，2006）等领域。特别是贝叶斯统计方法已广泛地应用于生态系统和景观规划管理（Borsuk et al.，2006；Pollino et al.，2007；Anderson & Landis，2012；Ayre & Landis，2012；Poppenborg & Koellner，2014；Wu et al.，2015；Liu et al.，2015；Liu et al.，2017；张洪亮等，2000；关小东和何建华，2016），被认为是指导研究和监测，并进一步支持决策的有效工具（McCann et al.，2006）。

国内方面，近年来贝叶斯统计方法与遥感技术（Remote Sensing，RS）、GIS技术相结合，广泛地应用于土地利用区划（陈良，2008；关小东和何建华，2016）、森林经营管理（张洪亮，2000；黄金燕，2007；张振明等，2009；卞西陈，2012）、水土流失评价（林伟华等，2007）和生物多样性保护（张洪亮等，2000）。

在综合考虑耕地适宜性条件与历史动态变化的基础上，关小东和何建华（2016）提出一种基于贝叶斯网络模型的基本农田划定方法，通过选取合理的评价指标，了解农田演变进程，从而确定各评价指标间的相互联系以及各评价指标与目标变量的关系，进而建立贝叶斯网络模型。贝叶斯网络模型在土地利用区划中的应用结果表明，该模型能够保证基本土地区划的数量与质量，提高土地利用的稳定性（关小东和何建华，2016），但是，贝叶斯统计方法具有较大的灵活性，应结合实际情况，选择合理的指标体系和区分水平（陈良，2008）。

多水平模型与贝叶斯统计方法相结合，产生出多水平贝叶斯模型。张振明等（2009）采用多水平贝叶斯统计方法建立了北京八达岭地区森林土壤全氮模型，并对各个土层的全氮含量进行预测，表现出较好的预测效果。借助贝叶斯统计方法，人们可以将研究、试验得到的新信息补充到已有的研究成果中，并在同一框架下对不同视角的信息进行比较，最终得到估计参数的后验概率分布。

近年来，贝叶斯统计方法与人工智能技术相结合，逐步应用于森林经营管理工作中，专家系统便是其中的一个主要领域。专家系统将某一复杂领域的专家知识和经验引入计算机系统，使更多人能够借助计算机系统而受惠于专家经验（张连文和郭海鹏，2006）。自20世纪80年代以来，贝叶斯统计方法逐渐成为处理专家系统中不确定性的主流方法。基于贝叶斯统计方法，张洪亮（2000）开发出基于GIS的森林分类专家系统（FCGES），先基于已有信息建立知识库，在此基础上对遥感图像给出专家判读（后验概率）。黄金燕（2007）和卞西陈（2012）开发出森林经营管理决策专家系统，该系统能够预测目的树种在不同立地条件下的生长和健康状况，为森林长期连续监测数据分析以及森林经营管理决策支持提供了一种解决思路。

林伟华等（2007）提出一种基于朴素贝叶斯模型的区域水土流失评价方法，以降水量、土壤可蚀性、坡度、植被覆盖度、土地利用类型为评价指标，以径流场小区观测数据为样本，计算各指标的贝叶斯概率表，然后借助遥感、GIS等技术获得实地的评价指标结果，最终根据贝叶斯概率表确定水土流失强度等级，该方法具有易于操作的特点，可有效减少专家规则法产生的主观误判。此外，张洪亮等（2000）采用Logistic多元回归模型和贝叶斯统计技术，建立了云南西双版纳地区印度野牛生境分布的贝叶斯综合模型，为定量研究野生动物的生境分布提供了一种新的研究方法，在此基础上可进一步建立野生动物生境评价专家系统。

国际方面，贝叶斯统计方法则更多地应用于自然灾害和生态系统风险评估以及与之相关的替代措施评估（Crome et al.，1996；Borsuk et al.，2006；McCann et al.，2006；Nyberg et al. 2006；Pollino et al.，2007；Anderson & Landis，2012；Ayre & Landis，2012；Poppenborg & Koellner，2014；Liu et al.，2015；Wu et al.，2015；Schneibel et al.，2016；Liu et al.，2017）。贝叶斯统计方法是一套有力工具，它能够代表生态系统管理的专业知识，评估替代管理决策的潜在影响以及能够针对生态系统管理决策与非专业人员进行交流（McCann et al.，2006）。归纳起来，贝叶斯统计方法的优点在于，它能够提供更多的信息（Crome et al.，1996），同时具有层次结构和因果关系，使它成为一个有力工具，能够评估各类干扰和替代措施所产生的协同效果，以此为基础，有针对性地提出适应性管理措施（Nyberg et al.，2006；Ayre & Landis，2012）。

生态系统具有复杂、动态和不确定的特征，因而很难量化其中存在的风险威胁，而贝叶斯统计方法却有能力解决生态系统风险评估的建模需求（McCann et al.，2006；Pollino et al.，2007）。Borsuk 等（2006）建立了一个动态、分龄级，同时包含各类自然、人为影响因素的贝叶斯网络模型，通过条件概率分布来描述因素影响强度和不确定性，并对瑞士 4 条河流的 12 个地点的褐鳟种群的退化状况进行评估，进而比较了不同因素对褐鳟种群退化影响的相对大小。Anderson 和 Landis（2012）提出相对风险法（Relative Risk Method，RRM）的概念模型（图 2-4）。风险评估通常研究干扰、受体以及受体对干扰的反应三者间的关系。在地区尺度上，这三者通常会发生变化，源成为多个干扰的集合，生境集中了多种受体生物，不同生物对干扰的反应称为综合效应。基于此概念模型，Ayre 和 Landis（2012）采用贝叶斯网络法评估了美国俄勒冈州北部地区由于森林火灾、放牧、森林经营和病虫害暴发所导致的生境和资源风险。结果表明，森林经营和森林火灾干扰对生境和资源影响最大；自然生境中，湿润针叶林受到的生态影响最大；森林景观管理中需要强化管理的对象包括三文鱼栖息地、人工狩猎地以及森林火灾地。总体来看，贝叶斯统计方法是一种适用于生态风险评估的有效方法。

图 2-4　相对风险模型（RRM）

朴素贝叶斯模型中的变量条件独立假设，在实际中很难得到满足，一种方法是：采用基于熵的加权朴素贝叶斯模型来放宽条件独立假设（Liu et al., 2017）。在朴素贝叶斯模型评估的基础上（Liu et al., 2015），Liu 等（2017）采用基于熵的加权朴素贝叶斯模型，结合 GIS、遥感技术，勾绘了澳大利亚昆士兰州 Fitzroy 流域的洪灾风险等级图。具体通过不同位置栅格像元的贝叶斯概率推断，从 MODIS 卫星影像中提取出最大淹没程度信息。该模型方法的表现整体优于朴素贝叶斯模型。

适应性管理要求决策者根据不断出现的新情况采取针对性的对策，以确保决策过程的最优化，而贝叶斯统计方法能根据不断变化的前验概率，来生成新的后验概率，不仅表明了不同变量间的数学关系，而且揭示了替代管理策略的效用特征，这恰好符合适应性管理的动态需求（McCann et al., 2006；Nyberg et al., 2006）。Wu 等（2015）提出了一个基于贝叶斯网络模型的动态风险分析框架，该框架能够分别用于工程建设的事前预测、事中敏感性和事后诊断分析，为动态适应性决策管理提供了一个有效的解决思路。

作为生态学和经济学模型的结合与延伸，贝叶斯统计方法在揭示管理决策的抽象社会心理方面发挥了独特的作用，逐渐成为揭示生态系统管理决策内涵的有力工具（Poppenborg & Koellner，2014）。Poppenborg 和 Koellner（2014）根据农民对不同类型生态系统服务（提供生物量、减少水土流失和改善水质）的态度，构建了种植粮食作物选择的贝叶斯模型。Ticehurst 等（2011）结合经典统计理论，建立了澳大利亚东南部 Wimmera 地区私有地主的贝叶斯土地利用决策模型。以上研究结果均表明，贝叶斯模型有助于揭示决策行为与动机之间的深入关系，这将成为服务生态系统管理决策的一个有效手段。

2.2.1.2　地区尺度的森林景观恢复优先区划分

如前所述，森林景观恢复涉及自然、社会经济和政策等诸多因素，同时也与政府、农户和企业等多利益相关方密不可分。实际上，确定优先区的问题就是一个多利益相关方参与的多准则决策问题（Multi-Criteria Evaluation，MCE）。方法大致如下：首先，通过参与式方法构建评价指标体系，既要满足森林景观恢复原则，也要满足具体的恢复需要（如生物多样性保护等）以及景观恢复的生态可行性。其次，通过多准则或模糊决策方法，计算出指标权重；在此基础上，通过 GIS 技术提取出森林景观恢复优先区。最后，通过敏感性分析来检验评估结果的稳健程度（Pykäläinen et al.，2001；Valente & Vettorazzi，2008；Ianni & Geneletti，2010；Orsi & Geneletti，2010）。

（1）GIS 在空间多准则分析中的应用

近年来，随着 GIS 技术的飞速发展，GIS 已在空间多标准决策分析中得到更加广泛的应用，极大地提高了工作效率。基于 GIS 的多准则分析实际上是一套决策程序，它将所需的属性图和对决策标准相对重要性的偏好紧密结合（Greene et al.，2011；Malczewski & Liu，2014）。

国内方面，肖燚等（2004）综合运用大熊猫生物学与行为生态学研究成果、遥感数据分析与地理信息系统技术，在系统研究四川岷山地区大熊猫生境分布、生境质量与空间格局的基础上，确定出岷山地区保护大熊猫的关键区域，在此基础上提出岷山地区大熊猫保护与自然保护区建设的对策。胡志斌等（2007）针对岷江上游地区提出 4 类共 10 项景观管理影响因子，基于 GIS 和数据库技术，构建了景观优先度评价知识库，最终确定出需要优先开展景观恢复的子流域。王彦阁（2010）和陈锦（2011）在对密云水库流域土地利用遥感影像解译的基础上，结合二类森林资源清查数据以及当地社区相关社会经济信息，以此建立密云水库流域土地利用空间数据库。根据不同的保护恢复目标，选取合适的评价指标，并赋予相应权重，通过 ArcGIS 软件的空间叠加功能，得出了基于生态效益和生计改善的森林景观恢复优先区。

国际方面，Reynolds 和 Hessburg（2005）以历史森林景观格局为参考点，采用决策支持系统（DSS）对美国西北部内陆地区森林景观格局进行了偏差分析，了解自然和人为干扰对于森林景观格局的影响趋势，以便制定森林景观规划和恢复策略。Ianni 和 Geneletti（2010）基于生态系统管理和森林景观恢复原则，运用 GIS 技术结合多准则决策方法，对阿根廷西北部 Yungas 地区的森林景观恢复优先区进行了划分。Orsi 和 Geneletti（2010）基于生物多样性保护需要和再造林的生态可行性，确定出生态和社会经济评价指标，通过 GIS 空间分析，提取出墨西哥 Chiapas 地区的森林景观恢复优先区，并对其进行生态和社会经济评估，优先区划分结果体现出较高的技术合理性和稳健性。IUCN 和世界资源研究所（WRI）（2014）发布了《森林景观恢复机会评估方法学》（*Restroation Opportunities Assessment Methodology*，ROAM），通过多利益相关方参与、GIS 数据收集和分析以及提出恢复措施建议等步骤，来识别和分析在国家和地区层面的森林景观恢复可能以及具体的恢复区，该方法在加纳、墨西哥和卢旺达等国得到了较好的应用。

（2）AHP 和 OWA 决策技术在空间多准则分析中的应用

兴起于 20 世纪 80 年代的层次分析法（AHP）、OWA 等多准则决策技术，广泛地应用于项目管理（Al-Harbi，2001）、政策分析（Kurttila et al.，2000；赵焕臣，1986）、安全生产（郭金玉等，2008）、绩效评估（吴殿廷等，2004；彭国甫等，2004）和生态评价（高蓓等，2015；高俊刚等，2016）等多个领域。实践证明，AHP 法和 OWA 法是一套科学有效的决策和评价分析方法。近年来，上述方法与

GIS 技术紧密结合，广泛应用于多个领域的空间优先区选取确定工作，进一步提升了决策的科学化和精准化水平。目前，已有地理信息系统软件（如 IDRISI）加载了 AHP 和 OWA 算法程序，可以较为方便地求解次序和准则权重，并进行决策判断（Jiang & Eastman，2000）。

国内方面，谢春华（2005）从森林景观的结构与格局、生态过程和生态功能三个方面建立了评价指标体系，采用 AHP 与模糊评价相结合的方法，对密云水库流域森林景观生态健康情况进行了评价，最终得出流域内森林景观类型整体健康状况处于偏亚健康状态的结论。周峰等（2012）采用 AHP 法与 OWA 法相结合的方法，对秦淮河中下游地区进行了洪涝灾害风险评价和区划。通过选取不同的自然和社会经济评价指标，建立了洪涝危险性评价指标体系，并构建了相应模型，得到了不同决策风险水平下的评价结果，能更好地为区域防灾减灾提供决策参考。刘焱序等（2014）选取涵盖景观风险和灾害风险的空间化指标，采用 OWA 法对云南大理白族自治州的低丘缓坡区域，进行了建设开发适宜性评价，得出了不同政策情境下（城镇建设导向、风险控制导向等）的优先开发区域。

国际方面，Valente 和 Vettorazzi（2008）采用多准则决策方法结合 GIS 技术，确定了巴西 Brazilian 河流域的森林保护优先区。首先，研究人员通过参与式方法选取了到森林斑块的距离、到地表水的距离等 6 个评价指标；其次，采用 AHP 法计算出准则权重，进而采用 OWA 相关算法得到次序权重；最后，得到了不同风险承受水平下的森林保护优先区。对结果进行敏感性分析后发现，OWA 法具有灵活、易实施和能提供不同情境下的决策方案等诸多优点。Jiang 和 Eastman（2000）将 OWA 法用于非洲地区的土地适用性评价，展现出了较好的评价效率；Malczewski 等（2003）以 OWA 法为核心，构建了一套多准则的空间评估决策支持系统，用于评估加拿大地区需要优先恢复的流域；Makropoulos 和 Butler（2006）指出，OWA 法对于伦敦地区的水资源管理工作来说，是一个高效的决策工具；Boroushaki 和 Malczewski（2008）将基于 GIS 技术的 OWA 法用于加拿大省级房地产开发的土地适用性评价；Malczewski 和 Liu（2014）分析了在空间异质性条件下的 OWA 本地模型（Local Model），并将其用于评估加拿大安大略省伦敦市的社会经济情况，与 OWA 传统模型（Global Model）相比，本地模型具有能被用于 GIS 制图和检查等优点；此外，GIS 技术结合多准则决策技术的相关研究，在国际上亦有更多成功案例，广泛应用于水资源管理（Sadiq & Tesfamariam，2007；Sadiq et al.，2010；Chen et al.，2010a）、风险分析（Pasqualini et al.，2011；Martins et al.，2012）和规划选址（Jiang & Eastman，2000；Gorsevski et al.，2012；Ventre et al.，2013）等多个领域。

（3）空间多准则决策的敏感性分析

敏感性分析（Sensiticity Analysis，SA）主要研究模型结果的变化如何能够定性或定量地分摊到不同的变化源上以及模型如何依靠输入的信息来生成结果（Saltelli et al.，2000）。因此，敏感性分析实际上研究的是模型的输入和输出值之间的关系，用于校对数量模型，检查模型的稳健性，即输入数据的微小变化对最终结果的影响（徐崇刚等，2004；蔡毅等，2008；Ticehurst et al.，2003；Newham et al.，2003；Merritt et al.，2005；Zoras et al.，2007；Chen et al.，2011）。目前，广泛采用的敏感性分析方法包括蒙特卡罗模拟法、回归相关分析法、敏感性指数法和基于方差的分析技术等（Saltelli et al.，2000；Hyde et al.，2004；Manache & Melching，2008；Allaire & Willcox，2012）。

空间多准则决策中，决策结果通常受一些外部条件的影响，如原始数据、数据处理、准则确定和相应的临界值等，这样就会使空间决策结果变得不确定，而准则权重是其中对决策结果不确定性影响最大的一个因素（Chen et al.，2010）。尽管 AHP 等多准则决策方法能够在客观反映决策者偏好的基础上，计算得出准则权重，但 AHP 等决策方法无法解决决策者观察的不确定性和不准确性问题，从而无法消除准则权重的不确定性和不准确性问题（Chen et al.，2013）。因此，采用敏感性分析方法可以分别调整不同的准则权重，以此帮助了解不同评估准则对空间决策结果影响的大小，减少多准则空间决策的不确定性，进一步提高决策精度水平。

对于一个由多个评估准则构成的空间多准则决策问题，通常采用的方法就是一次调整一个评估准则去了解其敏感性，即 OAT（One-At-a-Time）方法（Daniel，1973；Chen et al.，2011）。一次调整一个评估准则，而保持其他评估准则不变，可以清楚地观察到单一准则变化对评估结果产生的不同影响，有助于筛选出敏感准则，而且具有方法简单、计算成本低和易于开发等诸多优点（Chen et al.，2013）。

国内方面，於家等（2014）采用 OAT 方法分析评价了浙江省嘉兴市北部地区旅游开发适宜性评价决策的敏感性，通过对植被类型、土壤类型、坡度、旅游资源距离和高速公路距离 5 个准则图层，以及相关的配对比较矩阵分析，利用统计表格、模拟结果图和汇总图表等多种形式，确定了矩阵中敏感性最高的元素，并完成了元素值的最终设定。梁欢欢等（2016）以我国 37 个危险废物填埋场为研究对象，采用 OAT 方法对 14 项决策准则权重进行了依次改变，得出了 14 项准则的权重敏感性。在此基础上，分析准则权重赋值过程中的不确定性，并基于 GIS 平台，开展可视化的空间数据统计和分析，帮助有关决策者进行有针对性的风险管理。赵小娟等（2017）以珠三角地区广州市增城区为例，综合考虑土壤肥力因素以及土壤环境评价指标，从土壤理化性质、农业生产条件、区位条件、土壤环境四个方面构建了耕地质量综合评价指标体系，分析了增城区耕地质量总体特征及空间布局与行政区域分布规律，在此基础上基于 OAT 法来评估各指标权重的不确定性对评价结果的影响程度。总体来看，以 OAT 法为代表的敏感性分析方法，有助于减少空间多准则决策中的不确定性影响，提升决策可靠性水平。

国际方面，有关自然资源和景观管理决策的敏感性分析研究不胜枚举。Merritt 等（2005）研究了决策支持系统 Biophysical Toolbox 的模型运行结果对模型参数的敏感性，该系统被应用于泰国北部地区土地和水资源的综合评估管理。此外，敏感性分析也被广泛地应用于评估水文模型的稳健性（Newham et al.，2003；Ticehurst et al.，2003；Manache & Melching，2008；Zhan et al.，2013）。

近年来，结合 AHP 等多准则决策方法，国外学者基于开发出的分析工具和程序，开展了一系列针对空间多准则决策的敏感性分析研究。Hill 等（2005）分析了用于适宜土地选择的空间决策支持系统——ASSESS 在空间多准则决策中的应用以及系统采用的 AHP 等定量方法在空间决策支持中的作用。Hyde 和 Maier（2006）采用 VB 语言开发出一个 Excel 程序，用于检测空间多准则决策结果的稳健性，它能够使决策结果在一定的置信水平下做出。

在空间多准则决策的敏感性分析中，更多研究的是准则权重变化对决策结果的影响，而非准则值的变化。Hyde 等（2004，2005）针对水资源的空间多准则决策，分析了准则权重变化对决策结果的不确定影响。Chen 等（2011）基于指标法（Indicator-based Method）思想，结合 ArcGIS 开发出流域评估决策支持系统（Catchment Evaluation Decision Support System，CEDSS），能够可视化地揭示不确定性对流域管理决策结果的影响，系统用户界面友好，无须特别的敏感性分析专业知识。但是，以上研究缺乏对权重敏感性空间变化的揭示。因此，为了能够使权重敏感性的分析结果更加可视化，有关学者结合 GIS 技术开发出敏感性分析工具，并开展了相关应用研究。Chen 等（2010b，2013）开发出基于 ArcGIS 平台，并结合了 AHP 功能的分析工具 AHP-SA，用于土地利用决策的空间敏感性分析，并实际分析了澳大利亚昆士兰州 Macintyre Brook 流域灌溉土地适用性决策的敏感性，取得了较好的应用效果。

2.2.2 森林景观恢复技术策略

2.2.2.1 立地尺度的生态系统管理策略

在工作中，生态系统管理通常表现为：确定恢复保护目标和区域以及今后一段时期内的相关恢复策略。在这个过程中，既要考虑到景观恢复和生态系统服务提供的需求，也要考虑到资金投入、经济发展等约束因素。整体来看，这就是一个较为复杂的多目标系统决策问题，通常土地利用规划、森林经营方案编制等均属于此类问题。近年来，地理信息系统技术和人工智能算法技术的飞速发展，进一步推动了此类问题的有效解决。

（1）土地利用规划管理

土地利用结构和变化的程度是影响生态系统服务功能的重要因素（Polasky et al.，2011；李屹峰等，2013），因此，土地利用规划的核心就是土地利用结构的配置（邓军等，2007）。国内方面，张昆等（2010）对澳大利亚蓝山保护区的缓冲区进行了选址规划，以当地较为珍稀的桃金娘科树种分布数据为源数据，在考虑空间分布和运营费用等因素的基础上，建立了目标函数，运用模拟退火算法的计算结果表明，紧凑布局通常需要较大的面积，但是保护区的边界长度较短，有利于维护和管理。以模拟退火算法为代表的人工智能算法技术在土地利用规划工作中，也展现出较好的适用性。刘耀林等（2012）以兰州市榆中县为试验区，选取分区适宜性、规划协调性和空间紧凑性作为分区目标，采用模拟退火算法对该县土地利用进行优化决策。结果表明，不同情境下的分区方案能够很好地满足决策者设定的目标偏好值；从空间特征分析的结果来看，新的土地利用规划实现了优化目标，更好地满足了农业生产、经济发展和生态保护的要求。王新生和姜友华（2004）、邓军等（2007）、洪晓峰（2011）也开展了类似的研究，结果均表明模拟退火算法能够实现土地利用决策的优化，具有较好的适用性。

总体来看，国内研究大多集中在服务于经济发展的城市土地开发利用，对生态保护的目标往往考虑不够，特别是没有从生态系统管理的角度出发，对土地提供的生态系统服务进行细化。虽然国内也开展了一些基于生态系统服务的土地利用评估工作（Guo et al.，2003；谢花林和李秀彬，2011；李屹峰等，2013；王大尚等，2014），但是多集中于当前的空间布局分析，而缺少基于不同目标的优化计算以及相应的今后一段时期的管理方案。

以美国为代表的西方国家，多年来也经历了土地利用规划决策缺乏信息和数据支撑的困境（Carpenter et al.，2009）。经过实践探索，目前它们的土地利用规划更侧重于从保护和平衡当地多种生态系统服务以及提高人类福祉水平的角度出发，量化评估当地生态系统服务价值，并将其应用于今后的资源和土地利用决策（Daily et al.，2009；Carpenter et al.，2009；Nelson et al.，2009）。美国斯坦福大学

"自然资本"项目设计开发出用于生态系统服务评估的工具软件 InVEST（Integrated Valuation of Ecosystem Services and Tradeoffs），并在美国（Daily et al.，2009；Nelson et al.，2009；Tallis & Polasky，2009；Polasky et al.，2011；Goldstein et al.，2012）和中国北京密云水库流域（李屹峰等，2013；王大尚等，2014；Zheng et al.，2016）开展了多个基于土地利用规划的生态系统服务评估案例研究。

Nelson 等（2009）、Tallis 和 Polasky（2009）运用该软件评估了俄勒冈州 Willamette 流域的土地利用状况，评估结果表明，生物多样性保护和生态系统服务提供之间存在高度一致性；土地商业开发能够创造较高经济价值，但是却破坏了生态系统服务和生物多样性保护，存在严重冲突。因此，可通过销售碳汇的方法来协调生态保护与经济发展之间的矛盾。Goldstein 等（2012）采用 InVEST 软件建模的方法，设计了美国夏威夷州 North Shore 地区的土地利用规划。规划过程中，需要平衡碳汇和水源涵养生态系统服务，还需要考虑环境保护和财政收入间的平衡需要，并由此评估了 7 种土地利用情境（包括林地、农地、牧场、住宅等不同土地利用方式和比例的组合），最终为决策者提供了相应的决策支持。Polasky 等（2011）分析了美国明尼苏达州 1992—2001 年的土地利用变化情况后，也有相似的发现。研究者将该州土地利用分为实际利用情境和多种替代虚拟利用情境，发现二者在经济回报和社会效益（经济效益+生态系统服务价值）间存在高度不一致性。在农田大规模扩张的情境下，虽能够创造更多经济收入，但会因此而破坏碳汇和水质，也会进一步导致野生动物栖息地的退化。因此，在土地利用规划决策中，应该更多地考虑生态系统服务。

以 GIS 为代表的现代信息技术的飞速发展，为土地利用规划决策提供了更为有利的工具。但是笔者在查阅上述国内外研究文献后发现，大多数研究只是在人为设定不同情境的基础上评估土地利用现状，并相应提出调整对策，缺乏从生态系统服务提供角度的定量优化计算过程；同时，这只是一个时间点或短期的规划方案，并不适用于指导和调整今后长期的土地利用工作。

（2）森林经营方案编制

近年来，生态系统管理和森林多目标经营等先进技术理念开始更多地应用于我国林业生产实践，改变了过去以单一木材生产为森林经营目标的历史，开始从生态系统管理的角度，考虑生态效益、经济效益和社会效益并存的森林多目标经营。因此，复杂多目标决策和人工智能决策优化技术在森林经营方案编制工作中逐步得到广泛应用。陈伯望等（2004）以杉木人工林为例，比较了线性规划、模拟退火算法和遗传算法在森林经营方案编制中的应用，当不允许林分分割时（获得整数解），模拟退火算法和遗传算法能够取得较为满意的结果，显示了良好的应用性。董灵波等（2017）以大兴安岭地区塔河林业局盘古林场为例，建立了兼顾经济收益、木材生产、碳储量以及经营措施时空分布的多目标规划模型，采用模拟退火算法对模型进行了优化决策。结果表明，受碳汇市场交易影响，规划期内的各种经济收益、木材产量和碳储量，随碳价格增加呈非线性变化趋势。此外，模拟退火算法在多个森林经营方案编制案例中显示出良好的应用效果，实现了优化决策的目标（欧阳君祥，2005；王新怡，2007；刘莉等，2011）。

自 20 世纪 90 年代起，美国、加拿大等林业发达国家开始转变传统单一的以木材生产或生态保护为经营目标的森林经营工作，开始尝试将生态系统管理与森林经营相结合。Sahajananthan（1995）在加拿大不列颠哥伦比亚省模拟了综合利用模式（Integrated Use，IU）（不分区利用）以及单一利用模式（Single Use，SU）（分为木材生产区和非木材生产区）的经营效果，结果表明，IU 模式能够导致生物栖息地生境的破坏和景观价值的损失，而 SU 模式较好地避免了这些损失。因此，开展林地利用分区是一种有效的方法，来平衡生态保护与经济发展的关系，最终实现木材和非木材产品的可持续利用。

进入 21 世纪以来，人工智能优化算法技术在森林经营工作中得到了越来越多的应用。传统的森林经营方案编制大多通过定义约束条件或规则来进行（Constraint-oriented），即你不能做什么，但对管理后生态系统的功能状态缺乏明确、量化的定义，这给实际工作带来了诸多不便。Liu 等（2000）提出采用适应性目标为导向（Target-oriented）的生态系统管理方法应用于森林经营规划，并基于此方法思想，开发出森林模拟优化系统（Forest Simulation Optimization System，FSOS）。该系统使用模拟退火算法优化技术，综合了森林生态系统的时空管理，通过设定具体量化的森林经营目标（如木材产量、森林碳汇等），来定义一个目标森林生态系统状态，同时也能够模拟森林生态系统对经营措施的响应。该系统先后应用于加拿大不列颠哥伦比亚省等多个地区的森林经营规划，实现了从生态系统管理角度指导森林经营工作，并取得了良好的应用效果（Liu et al.，2000；Liu et al.，2006；Liu & Han，2009）。

Baskent 和 Jorden（2002）提出了一个用于森林经营管理的模拟退火算法模型，该模型能够近似最优地配置一定时空范围的森林经营管理措施，来实现具体设定的经营目标。具体来说，该模型使用目标函数来定义经营目标和限制条件；使用通用的非货币单位来建立每一个经营目标的惩罚费用函数，同时也建立一个平衡不同经营目标的机制；经营措施包括不同强度的补植、疏伐和皆伐。比较不同经营目标的模型优化结果与实际完成情况，二者拟合程度总体较好，越优先的经营目标，拟合程度越好。该研究最终得出结论，模拟退火算法在景观管理和森林经营设计工作中，能够更加灵活地获得近似优化方案。

随着生态系统服务理念的日益兴起，森林经营的目标也由传统的以追求木材产量为主的单目标经营，逐步向以能够可持续地提供多种生态系统服务的新目标转变（MA，2003，2005；Carpenter et al.，2009；Daily et al.，2009）。Karahali□l 等（2009）以林分胸高断面积为变量，采用回归模型预测出森林蓄积量、产水量和土壤流失量，再根据相应价格将其换算成价值。以此为基础，采用线性规划方法对六种不同的经营目标策略模型（如木材收入最大值、产水最大值、土壤流失最小值等）进行求解，并比较求解出的三种价值的净现值（Net Present Value，NPV）。结果表明，开展森林经营 100 年后，以最大产水和最小土壤流失为目标的经营策略分别能够创造最高和最低的净现值。

综合以上国内外研究发现，在确定生态系统管理策略的过程中，必须要根据生态系统提供的多种不同产品和服务，来相应制定多种不同的管理目标，而模拟退火、线性规划等方法能够综合考虑生态系统的供给、调节和文化服务，实现优化决策的目标。

2.2.2.2 农户生态补偿项目的参与意愿策略

生态补偿项目，国际通称为"生态系统服务付费项目"（Payment for Ecosystem Services，PES），是一种有效的政策机制，它能够将一些外部、非市场的生态系统服务价值转化为对个人的经济激励，来激发人们保护和恢复生态系统（Engel et al.，2008；Li et al.，2011；Jenkins，2012；Liu & Yang，2013；Arriagada et al.，2015；Wunder，2015）。在过去几十年间，以遏制环境退化和扶贫为目标的 PES 项目，无论在发展中国家还是在发达国家，都获得了空前的发展（Bulte et al.，2008；Wunder et al.，2008；Farley & Costanza，2010；Gauvin et al.，2010；Montagnini & Finney，2011；Ingram et al.，2014）。

参与意愿是一个 PES 项目获得成功的重要前提，它为有关利益相关方创造机会和空间来讨论有关程序、政策、项目内容、角色以及合作关系（Liu et al.，2008；O'Hara，2009；Mullan & Kontoleon；2012）。进一步讲，PES 项目参与者能够通过经济增收来改善自身生计。反过来说，由于项目参与能够导致社会经济和环境的"级联"效应（Miranda et al.，2003；Liu & Yang，2013；Zheng et al.，2013；Bremer et al.，2014），因此，PES 项目参与农户作为关键受益者和实施者，对于 PES 项目成功是至关重要的。然而，PES 项目通常并不过多强调它的参与特质（Kosoy et al.，2008；Beharry-Borg et al.，2013）。由此导致 PES 项目农户参与意愿的重要性与其缺少关注之间的矛盾，但现在这一问题已逐步得到重视（Uchida et al.，2009；Démurger & Pelletier，2015）。

过去 10 年间，许多针对退耕还林项目的研究都讨论了项目对农户的影响，这些影响包括非农劳动力分配（Uchida et al.，2007；Uchida et al.，2009）、粮食供应（Feng et al.，2005）、福利收入（Uchida et al.，2007；Li et al.，2011）、项目参与中的机构和市场缺陷问题（Grosjean & Kontoleon，2009；Groom et al.，2010；

Bennett et al., 2011；Mullan & Kontoleon, 2012；Siikamäki et al., 2015）以及对项目成效和可持续性的评估（Uchida et al., 2005；Hu et al., 2006；Xu et al., 2006；Uchida et al., 2007；Liu et al., 2008；Bennett, 2008；Grosjean & Kontoleon, 2009；Yin et al., 2010；Bennett et al., 2014；König et al., 2014）。

根据本地区和农户不同的参与特点，可将生态补偿项目划分为两种主要类型。第一种称之为"完全被动参与型"（简称被动参与型）项目。第二种生态补偿项目类型为"不完全主动参与型"（简称主动参与型）项目，这部分项目农户有权选择参加或不参加项目。通常这类政府投资项目在国有或集体所有的荒山荒地上实施，而农户对这类土地不具备完整的产权（Grosjean & Kontoleon, 2009；Groom et al., 2010）。实际上，农户主要以短期用工的形式参与这类项目，而非前一种类型中的长期合同。

针对本书关注的京冀区域生态补偿项目，显然"稻改旱"项目属于被动参与型项目。多项评估研究表明，"稻改旱"项目总体水文效益较为显著（Liu et al., 2013；Zheng et al., 2013），但是农户经济收入下降，偏低的补偿标准不足以弥补机会成本损失（Zhou et al., 2009；Li et al., 2017）；由于未限制项目实施后的作物结构，耗水经济作物大量种植，项目最终节水效应存在"泄漏"现象（范杰，2011）；农户化肥支出呈增加趋势，给下游水质带来威胁（Zheng et al., 2013）。上述问题不仅威胁到项目短期成效，更造成项目长期的可持续性风险。为此，应该采用创造本地非农就业机会、加强技术培训、引入弹性合同机制以及设计多样化的补偿策略等措施来激发农户参与，确保项目长期效益（李皓等，2017）。与之相对的是，另一个京冀区域生态补偿项目——"京冀生态水源林"项目则是典型的主动参与型项目，但并未见有针对该项目农户参与问题的研究开展。

国际方面，已有多个针对农户 PES 项目参与意愿的案例研究（Falconer, 2000；Pagiola et al., 2002；Wossink, 2003；Zbinden & Lee, 2005；Kosoy et al., 2008；Wünscher et al., 2008；Pagiola et al., 2010；Fisher, 2012；Mahanty et al., 2013；Hegde et al., 2014）。其中一些研究实证分析了 PES 项目支付以及所带来的效益如

何正向影响农户的参与决策。决策标准包括对农户收入的贡献、土地机会成本等（Pagiola et al.，2005；Zbinden & Lee，2005；Kosoy et al.，2008；Fisher，2012）。一些研究人员还发现了其他能够吸引农户参与 PES 项目的关键因素，如项目合同设计的灵活性（Pagiola et al.，2002；Dupraz et al.，2003；Mahanty et al.，2013）、机构设置的灵活性（Kosoy et al.，2008）、稳定的土地产权保障（Zbinden & Lee，2005；Pagiola et al.，2010）和项目能够覆盖合同交易成本（Falconer，2000；Pagiola et al.，2002；Pagiola et al.，2010；Mahanty et al.，2013）。其他一些研究则关注了农户人口统计和农业相关特征，如人力资本（年龄、教育、技能和工作能力）（Zbinden & Lee，2005；Hegde et al.，2014）、经济收入（农业收入和非农收入）（Zbinden & Lee，2005）以及农业相关特征（土地质量和面积）（Zbinden & Lee，2005；Kosoy et al.，2008）。以上这些农户自身特征也能够影响农户参与 PES 项目的意愿。

3 研究区域、数据和方法

3.1 研究区概况

密云水库位于北纬 40°23′、东经 116°50′，距北京市区 100 km 左右，横跨海河水系的潮河、白河主河道，始建于 1958 年 9 月—1960 年 9 月。水库最大水面面积 188 km^2，常年水面面积为 9.133×10^7 m^2，水深 40～60 m，总库容 43.75 亿 m^3，是华北地区最大的水库，同时也是以防洪、发电和城市供水为主要功能的综合性大型水利工程。20 世纪 80 年代以后，随着北京市地下水资源的减少，密云水库的饮用水水源功能日益加强。现在，密云水库日取水量已达 1.17×10^6 m^3，约占北京市区总供水量的一半以上，已成为北京市重要的饮用水水源地。

本书所讨论的密云水库流域，是指水库上游潮河、白河等一级支流所控制的全部流域范围，位于北纬 40°19′～41°31′、东经 115°25′～117°33′，总面积 1.5 万多 km^2，其中 2/3 位于河北省张家口、承德地区，1/3 位于北京市。

3.1.1 密云水库流域自然地理概况

3.1.1.1 行政区域

从行政区域上看，密云水库流域涉及河北省赤城县、丰宁县、滦平县、兴隆县、沽源县、崇礼县、承德县、怀来县、张家口市 9 个（市）县和北京密云、怀柔、延庆 3 个区，具体位置如图 3-1 所示。

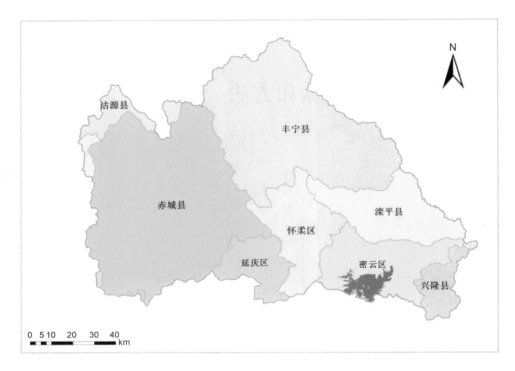

图 3-1　密云水库流域行政区域

　　流域内各区（县）所涉及的乡镇以及占全县和流域面积的比例参见附表 1。在各区（县）占流域面积比例方面，北京密云（9.67%）、怀柔（8.35%）和延庆（4.74%）以及河北赤城（34.27%）、丰宁（27.08%）、滦平（9.20%）和兴隆（3.00%），这几个区（县）约共占密云水库流域总面积的 96.31%，构成密云水库流域主体。

3.1.1.2　地形地貌

　　密云水库修建在断陷的燕落盆地上，水库流域由燕山山地和冀北山地两大部分组成，地质构造分属华北地带的燕山台褶带和天山—阴山纬向构造体系的东延部分。总体地势为西北高东南低。其中，赤城县东部及南部、丰宁县西部、滦平县西南部、密云区东北部及怀柔区、延庆区、兴隆县的地势都较高，如图 3-2所示。

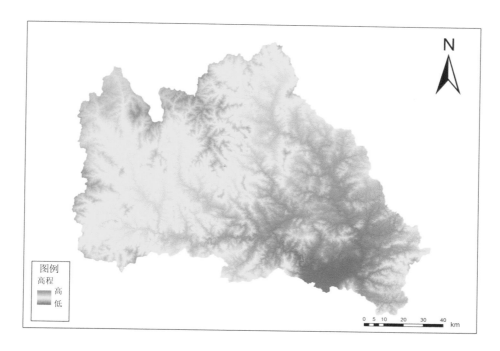

图 3-2　密云水库流域数字高程分布

从流域坡度来看，坡度 15°以下的区域约占流域面积的 38.65%，15°～45°的区域约占流域面积的 59.46%，45°以上的区域仅占流域面积的 1.89%。可见，该区地貌以中缓坡山地为主，流域总体地势较为陡峭，如图 3-3 所示。

就区（县）而言，赤城、丰宁的地势较其他区县更为陡峭，坡度 25°以上的流域面积分别占总面积的 9.46%和 8.05%，如附表 2 所示。

3.1.1.3　气候

密云水库流域属于典型的温带大陆性季风气候，在西北高压气流的影响下，寒暑交替，四季分明。冬春季节受西伯利亚干冷气团的控制，气候干燥、多风，降水稀少；夏秋则受海洋暖湿气团控制，气候闷热、潮湿，降水集中。年平均气温 8～11℃，平均最低气温–18℃，平均最高气温 38℃，无霜期为 120～160 d。

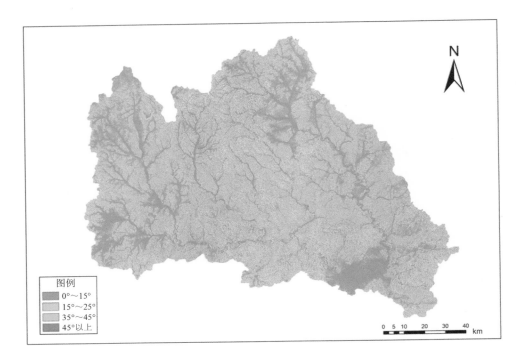

图 3-3　密云水库流域坡度分布

密云水库流域降水的特点为：年际变化大、年内降水分配不均、降水地区分布不均、暴雨强度大、历时短（夏兵，2009；余新晓等，2010）。多年平均降水量600～700 mm，平原地区略多于山区，降水总体分布表现为自西南向东北递减。从降水年内变化来看，密云水库流域降水主要集中在6—9月，占全年降水总量的85%左右，雨热同期，而冬春季节则干旱问题较为突出。从降水年际变化来看，流域降水变化悬殊，丰枯年降水量相差3～4倍，且时有丰枯年份连续发生，一般为2～3年，最长达6～9年（夏兵，2009）。流域多年平均水面蒸发量约为1 176 mm，陆面蒸发量约为450 mm。

密云水库流域光能资源较为丰富，多年平均日照时数在2 653～2 826 h，日照百分率为60%～66%，太阳总辐射量在$56 \times 10^4 \sim 59 \times 10^4$ J/cm^2，全年光合潜力为

12 600～12 850 kg/亩[①]（王彦阁，2010）。冬春季节风力较大，由于流域地形较为复杂，不同地区有不同的盛行风向，盛行风向一般与河流、山谷走向一致。在光照、地形和降水等多种因素的共同作用下，密云水库流域形成了不同的气候类型区，包括东南部温暖半湿润区、西北部偏冷半干旱区等。主要表现为从东南到西北方向，随着海拔的升高，气候的垂直分带明显，平均温度逐步降低，无霜期逐步减少，降水也逐步减少。

3.1.1.4　水文

（1）河流

流域内水系纵横，有白河、潮河 2 条干流，黑河、天河、汤河、安达木河、清水河 5 条一级支流，除此之外还有许多二级支流广泛分布于整个区域，这些支流多为季节河，呈羽毛状分布。主要特征是：雨季河水暴涨，干旱季节小支流干涸无水。主要河流介绍如下。

1）潮河

潮河位于北京市东北部，源于河北省丰宁县草碾沟南山，经滦平县到古北口入北京市密云区境。潮河因水流湍急，其声如潮而得名。入市境曲折南流在密云区城西南河漕村东与白河汇流后，称潮白河。密云水库建成后，潮河分为密云水库上游和下游两段，在密云境内上游长 24 km，流域面积 234.5 km²，为山地；下游长 31 km，流域面积 216.8 km²，为平原。沿途有牤牛河、汤河、安达木河、清水河和红门川河 5 条较大支流。潮河在历史上称蓟运河，常因暴雨和入境水宣泄不及而泛滥成灾。1949 年后疏挖河道 15 km，筑堤 13 km，打坝 70 道，改滩造田 186.67 hm²。密云水库建成后，下游洪水灾害基本解除。

2）白河

白河为海河水系支流潮白河上源西支。古称沽灌水、沽水、沽河、潞水、潞河、淑水、白屿河。河多沙，沙洁白，故名白河；河性悍，迁徙无常，俗称自在河。白河干流全长 280 km，发源于河北省沽源县，经赤城县于白河堡进入北京市

---

① 1 亩=0.066 7 hm²。

延庆区境，东流经怀柔区青石岭入密云区，沿途有黑河、汤河、白马关河等支流汇入，在张家坟附近注入密云水库。白河为常年河，年平均流量 8.2 m³/s。最小流量为 0.32 m³/s。雨季，各支流均有洪水注入，洪水量为 525 m³/s，形成河流年内最大流量。结冰期为 150 d 左右。

3）汤河

汤河发源于河北省丰宁县邓栅子，于大南沟门进入北京市怀柔区，经头道岭、喇叭沟门、八道河、长哨营到汤河口入白河。全长 110 km，境内 52.4 km。流域面积 1 253 km²，市境内 618.3 km²。沿河有十几条支流汇入。汤河为常年河，水从西北流向东南；河道平均宽度 60 m，多由河卵石构成，一般没有改道现象；年平均流量 0.5 m³/s，汛期最大流量 150 m³/s，可采水能 1 118 kW，结冰期 130 d 左右，流量变化较大，在旱年春季易形成局部断流，洪水期易暴发较大的洪峰。汤河在丰宁县境内全长 57 km，天然落差 1 020 m，平均坡度 1/50°，汤河沿岸形成了广阔的河漫滩和河谷台地，俗称"汤河川"，汇入白河的三角地带是一个较广阔的盆地，形成了怀柔北部山区的重镇——汤河口镇。

4）黑河

黑河发源于河北省沽源县老掌沟和东猴顶山麓，于黑龙山村汇合，由北向南流经三道川、白草、东万口、茨营子、东卯 5 个乡，从东卯乡四道甸村南出境，入北京市延庆区。沿途有二道川河、白草河、桃阳河、头道川河、瓦房沟河、道德沟河、东青阳沟河、东长梁河、西长梁河等支流注入，南流与白河汇合，注入密云水库。黑河为常年河，因河底有青苔，水呈黑色，故名黑河，是赤城县三大河流之一，也是北京重要的饮用水水源之一。黑河全长 92.5 km，宽 17.3 m，深 0.25 m，流域面积 1 633.6 km²，比降为 5%～15%，年平均流量 3.26 m³/s，洪水量为 648 m³/s。

5）安达木河

安达木河曾称"乾塔木河"，位于北京市密云区东北山区。全长 68 km，流域面积 364.31 km²，均为山地。流域内建有遥桥峪水库。流经密云区 3 个乡，至桑园村西入潮河。安达木河发源于河北省滦平县涝洼村北山区和承德县乱石洞子，分别由北岭和黑关入密云区境，在曹家路村东汇合后称安达木河。

（2）水库

密云水库流域修建的水库主要有密云水库、白河堡水库、云州水库等。具体情况如下。

1）密云水库

密云水库是京津唐地区第一大水库，华北地区第二大水库。位于北京市东北部的密云区境内，西南距北京城区 80 余 km，距密云区 12 km。该水库坐落在潮河、白河中游偏下，系拦蓄白河、潮河之水而成，库区跨越两河。水库最高水位水面面积达到 188 km²，水深 40～60 m，分白河、潮河、内湖 3 个库区，最大库容量为 43.75 亿 m³，相当于 67 个十三陵水库或 150 个昆明湖。环湖公路长 110 km。密云水库形似等边三角状。洪水位 158.5 m，相应水面面积 183.6 km²、库容 41.9 亿 m³；正常蓄水位 157.5 m，相应水面面积 179.33 km²、库容 40.08 亿 m³；汛限水位 147.0 m，相应水面面积 137.54 km²，库容为 23.38 亿 m³；死水位 126.0 m，水面面积 46.154 km²，库容 4.37 亿 m³。

2）白河堡水库

白河堡水库建于 1970 年，于 1983 年竣工。位于白河上游延庆区东北部，距北京市区 110 km，距延庆城区 30 km。水库控制流域面积（云州水库以下）2 657 km²，设计总库容为 9 060 万 m³。百年设计、千年校核。主要建筑物有大坝、溢洪道、输水隧洞、泄洪洞、南北干渠等，是北京第五大水库和海拔最高的水库。

3）云州水库

云州水库位于赤城县城以北 20 km 的舍身崖山峡处，是海河流域潮白河主要支流白河上游的一座大（二）型水库，总库容 1.02 亿 m³，控制流域面积 1 170 km²，是一座集防洪、灌溉、发电、养鱼为一体的综合性水利枢纽工程。设计标准为 100 年一遇洪水，校核标准 2 000 年一遇洪水。经过多年的运用，云州水库在防洪、灌溉方面均发挥了较大作用。自 1973 年建库以来，拦蓄多次洪峰，消减洪峰达

90%以上，为保护赤城县城、北京市的白河堡水库以及下游广大地区的人民生命财产安全发挥了巨大作用。在灌溉方面，年均灌溉面积约 2 000 hm²，年灌溉水量 0.10 亿 m³，年平均发电量 85 万 kW·h。

密云水库流域河流和水库的空间分布如图 3-4 所示。

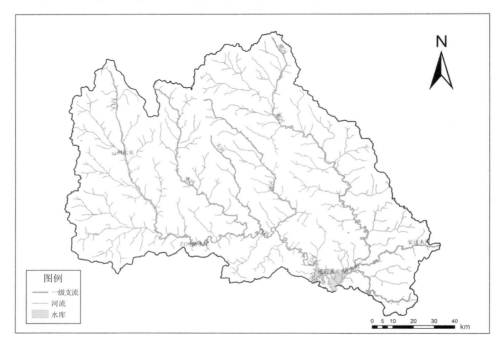

图 3-4　密云水库流域水系分布

3.1.1.5　土壤

就土类层次而言，密云水库流域土壤类型以褐土和棕壤为主，其中褐土占 56.49%，棕壤占 33.35%，除此之外还有少量山地草甸土、水稻土、新积土、潮土、栗钙土、粗骨土等土类。其区域分布具体描述如下：褐土主要分布于流域东部、西部及南部区域；棕壤主要分布于流域北部、西南部及东南部区域；栗钙土主要分布于沽源县；栗褐土主要分布于崇礼县境内。总体来看，流域内土壤较为干旱瘠薄，土质疏松，土壤侵蚀较为严重，立地条件较差，人工造林难度较大。

3.1.1.6　植被

密云水库流域地带性植被有暖温带落叶阔叶林、温带针叶纯林、针阔混交林和灌木林。暖温带落叶阔叶林的主要乔木树种包括山杨（*Populus davidiana*）、白桦（*Betula platyphylla*）、蒙古栎（*Quercus mongolica*）、辽东栎（*Quercus liaotungensis*）、槲栎（*Quercus entata*）、麻栎（*Quercus acutissima*）、栓皮栎（*Quercus riabilis*）等；温带针叶纯林和针阔混交林的主要针叶乔木树种包括油松（*Pinus tabulaeformis*）、侧柏（*Robinia pseudoacacia*）、白皮松（*Pinus bungeana*）、华山松（*Pinus armadnii*）等；流域内边远山区陡坡（主要在阳坡）分布有数量众多的天然灌木林，主要构成树种包括荆条（*Vitex negundo* L.）、胡枝子（*Lespedeza bicolor* Turcz）、绣线菊（*Spiraea Salicifolia* L.）、酸枣（*Zizyphus jujuba*）等。此外，在流域丘陵缓坡、山间盆地和沟谷地带分布有一定数量的人工经济林，主要树种包括核桃（*Juglans regia*）、板栗（*Castanea mollissima*）、山杏（*Armeniaca sibirica*）、苹果（*Malus pumila*）等。

3.2　研究数据获取与处理

本书的数据源包括通过遥感图像解译得到的密云水库流域土地利用数据，以及森林资源、水资源和社会经济等专门数据，以及在此基础上建立的流域土地利用和子流域空间数据库。具体见表 3-1。

表 3-1　研究数据来源

数据名	分辨率	数据源
1998 年、2013 年土地利用空间数据	30 m×30 m	Landsat TM 遥感影像数据
子流域空间数据	子流域	Landsat TM 遥感影像数据
空间位置（区县、乡镇、村、公路、河流等）和高程数据	1：50 000	20 世纪 70 年代初期中国人民解放军总参谋部测绘局制作的 1：50 000 地形图
森林资源数据	小班	北京市、河北省二类森林资源调查数据
水资源数据	子流域	水务部门
社会经济数据（人均收入、人口、就业等）	乡镇	区县统计年鉴

3.2.1 流域土地利用空间数据

本书采用的密云水库流域土地利用空间数据源主要为 1998 年和 2013 年两期 Landsat 7 TM（ETM）遥感影像数据，空间分辨率 30 m×30 m，来源于中国科学院遥感卫星地面接收站，具体行列号和采集时间见表 3-2。

表 3-2　TM（ETM）遥感影像数据源

年份	遥感影像类型	行/列	采集时间
1998	TM	123/31	1998.06.20
		123/32	1998.05.03
		124/31	1998.03.07
		124/32	1998.07.29
2013	ETM	123/31	2013.07.23
		123/32	2013.07.23
		124/31	2013.07.30
		124/32	2013.07.30

同时结合 20 世纪 70 年代初期中国人民解放军总参谋部测绘局制作的 1∶50 000 地形图，经过数字图像辐射校正、几何校正、图像裁切和融合等预处理措施以及数字图像解译和判读，最终得到 1998 年、2013 年密云水库流域土地利用空间数据。

3.2.1.1 遥感图像预处理

（1）辐射校正

大气对电磁波的传输有散射、折射、吸收、扰动和偏振五个方面的影响，从而造成传感器获得的图像失真，因此需要进行辐射校正来提高分类精度。常用的校正方法有可见光地径辐射法、回归法和相对散射模型法（游先祥，2003）。本书的遥感图像在购买前已完成辐射校正工作。

（2）几何校正

传感器在接收地面辐射的光谱信号时，受大气传输通道和传感器成像特征的影响，图像发生几何变形，由此导致地物与图像空间坐标位置无法一一对应。因此，需要采用几何校正方法将处于两个坐标空间的原图像变换到一个新的图像坐标空间，使遥感图像得到纠正，以满足工作需要。

本书采用 ERDAS IMAGINE 9.1 遥感图像处理软件的几何校正模块，以 1：50 000 地形图为参照，采用二次多项式变化模型和三次立方卷积插值法对 2013 年的 TM 影像进行几何校正，误差不超过 0.5 个像元。本书的地图投影方式采用双标准纬线阿尔贝斯（ALBERS）等积圆锥投影，其椭球体参数为 clark1866，地图坐标系为北京 1954 坐标系。选取地面标志性的道路交叉、河流分叉，以及水库、湖泊的明显拐点等作为地面控制点。最后，以几何校正后的 2013 年 TM 影像为基准，采用影像对影像方式对 1998 年的 TM 影像进行校正，然后对两景校正后的影像进行拼接，提取出研究区域。

3.2.1.2 遥感图像增强处理

由于环境、仪器、背景等因素的影响，原始图像灰度集中、噪声加重，从而影响图像最终的判读效果，因此，需要采用图像增强处理措施来抑制噪声，突出所需提取的信息，压缩某些不需要的信息，最终使图像整体质量提高，提高景观信息提取的准确度，达到遥感图像判读的要求。通常的遥感图像增强处理措施包括变换和滤波两大类。本书主要采用的图像增强处理措施包括降噪处理、纹理分析、分辨率融合、主成分变换、指数计算等。

3.2.1.3 遥感图像判读

本书遥感图像判读的技术流程（游先祥，2003）如图 3-5 所示。

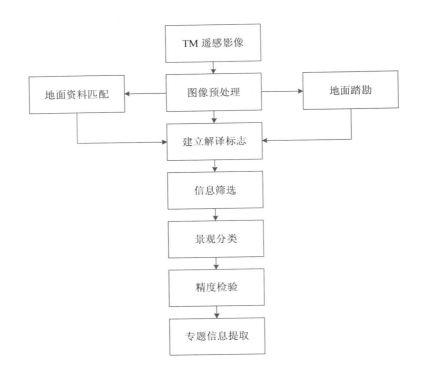

图 3-5　遥感图像判读技术流程

（1）建立解译标志

由于不同森林景观类型的电磁波特征差异以及各种地表物质成分、结构和温度的不同，最终在遥感影像上形成不同的色彩差异。同时由于地质地貌的差异，导致地表对相同波段电磁波的吸收与反射不同，由此产生形状差异。因此，针对遥感影像的色彩和形状差异，需要建立解译标志来完成遥感图像判读。在野外踏勘核实的基础上，根据不同森林景观类型的遥感色彩、形状、结构和纹理特征差异，参考中国科学院制定的土地利用分类系统（刘纪远等，2002）以及夏兵（2009）和王彦阁（2010）的研究成果，本书提出的遥感图像解译标志见表 3-3。

表 3-3　密云水库流域土地利用 TM 图像解译判读标志

景观类型	影像特征描述
水田	褐红、暗红色，色调均匀，形状规则，边界清楚
旱地	暗红色、青灰色，或青灰色夹淡红色，色调均匀，多呈方格纹理，形状规则，中间可清晰看见田埂和防护林
有林地	亮绿色、深绿色，人工林、防护林形状规则，条纹清楚，边缘清晰，一般分布于农田区
高覆盖度草地	深褐色或褐红色，色调均匀，边界明显，呈不规则片块状
中覆盖度草地	一般位于盐碱地的边缘或被盐碱地所包围，淡褐色稍微夹杂着一些灰白色，形状不规则，无纹理
低覆盖度草地	一般位于盐碱地的边缘或被盐碱地所包围，灰白色或淡紫色，形状不规则，无明显的纹理特征
水体	深蓝色至蓝黑色，色调均匀，边缘清晰，湖泊多呈椭圆状，河流呈线型
滩地	深棕色夹青绿色，呈鳞状、扇状、条带状分布于河漫滩，河滩两侧的沙砾地则呈白色、灰白色
城镇用地	农村居民点呈淡绿色、白绿相间，城镇点呈紫色、青灰色，形状规则，与周围农田呈强烈反差，有线型交通线路与其相连
沙地	呈淡黄、亮黄色，色调较亮，呈条纹状、波状或者蜂窝状
裸土地	呈白色，平滑、均匀，不规则，面积较小
裸岩石砾地	呈白色或暗红色，多分布在山沟沟底两侧

（2）景观分类和精度检验

景观分类也称遥感图像分类，是指对遥感影像中各类地物的光谱特征和形状结构进行分析，在总结出分类标准的基础上，将特征空间划分为互不重叠的子空间的过程。常用的分类方法有无监分类和有监分类。有监分类根据已知训练场地提供的样本开展，用于对研究区域比较熟悉的情况；无监分类是根据同类地物本身在多维空间中具有内在的相似性进行的分类（游先祥，2003）。显然，无监分类能够快速提取地物信息，在效率方面更有优势，但是存在精度较低的问题，需要结合人工目视判读来提高分类精度水平。本书采用无监分类与人工目视判读相结合的分类方法来完成景观分类。在完成景观分类的基础上，借助位置精度检验方法（王彦阁，2010），完成分类结果的精度检验，以提高分类结果的可靠性水平。

3.2.1.4 遥感图像判读结果

经过以上技术流程，可以得到 1998 年、2013 年两期的密云水库流域土地利用空间数据，如图 3-6 和图 3-7 所示。

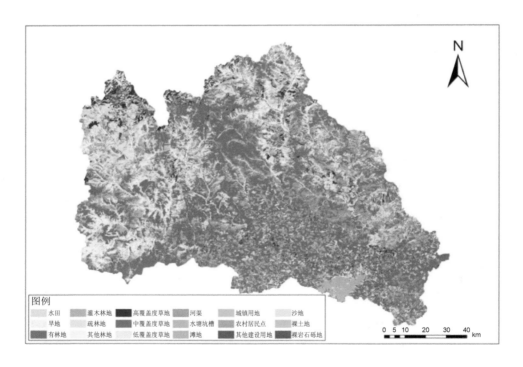

图 3-6　1998 年密云水库流域土地利用情况

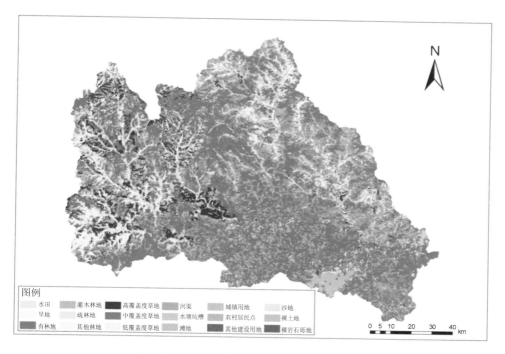

图 3-7 2013 年密云水库流域土地利用情况

各类别土地面积见表 3-4。

表 3-4 1998 年和 2013 年密云水库流域土地利用分类结果

土地利用类型	1998 年		2013 年	
	面积/km²	百分比/%	面积/km²	百分比/%
水田	16.51	0.11	3.28	0.02
旱地	2 003.46	13.03	2 440.28	15.87
有林地	6 611.88	42.99	7 732.48	50.28
灌木林地	2 931.54	19.06	2 821.86	18.35
疏林地	1 780.76	11.58	261.93	1.70
其他林地	25.00	0.16	140.58	0.91
高覆盖度草地	475.74	3.09	1 170.32	7.61
中覆盖度草地	1 015.84	6.60	452.87	2.94

土地利用类型	1998 年		2013 年	
	面积/km²	百分比/%	面积/km²	百分比/%
低覆盖度草地	20.41	0.13	25.18	0.16
河渠	222.34	1.45	128.19	0.83
水塘坑槽	164.06	1.07	141.96	0.92
滩地	23.12	0.15	10.85	0.07
城镇用地	5.43	0.04	5.87	0.04
农村居民点	68.35	0.44	28.49	0.19
其他建设用地	2.45	0.02	11.99	0.08
沙地	2.54	0.02	2.32	0.02
裸土地	0.13	0.00	0.38	0.00
裸岩石砾地	10.50	0.07	1.23	0.01
总计	15 380.06	100.00	15 380.06	100.00

在此基础上，将判读结果与水体、道路、水土流失、村庄、乡镇和县城等专门数据相结合，并从 1∶50 000 DEM 影像中提取出流域土地单元的坡度信息。最终，在 ArcGIS 10.2 地理信息系统平台上建立了密云水库流域土地利用空间数据库。

3.2.2　子流域空间数据

3.2.2.1　子流域划分的原则

本书的子流域也称小流域。流域大小的划分是相对的，根据水利部规定，中国目前水土保持工作中的小流域概念，是指面积小于 50 km² 的流域。小流域是指在水力侵蚀地区，以天然沟壑及其两侧山坡形成的闭合集水区。小流域的基本组成单位是微流域，是为精确划分自然流域边界并形成流域拓扑关系而划定的最小自然集水单元。小流域经济就是在一条或多条小流域内发展起来的产业化、商品化经济。每个小流域既是一个独立的水土流失单元，又是发展农林牧业的经济单元。

根据《小流域划分及编码规范》（中华人民共和国水利部，2014），小流域划分具体应遵循以下原则：

（1）小流域划分应以自然地形地貌为基础，尽量保证小流域形态特征的完整。

（2）小流域面积原则上控制在 30～50 km²，特殊情况不宜小于 3 km² 或大于 100 km²。

（3）小流域由一个或多个微流域归并而成。微流域最小面积一般以 0.1～1 km² 为宜；在实际操作中，可根据地形复杂状况选择合适的阈值。

（4）跨越县级行政边界的小流域应根据行政边界将小流域划分为多个亚单元。

（5）确定小流域边界时，可适当考虑水库、水闸、水文站等水利工程设施和村庄、居民点的位置。例如，根据水库规模和流域控制面积，将水库闸口设定为小流域进水口、出水口；根据河流上的水文观测站点，选择区间流域的进水口、出水口；对于流域出口附近的村庄或居民点，可按属地关系适当调整小流域界限，尽量保证归属关系一致。

（6）小流域边界应与各级流域边界无缝衔接，不应横跨上级流域。

（7）小流域划分应充分考虑地表汇水关系，保证上下游汇水关系的正确性。

（8）在划分小流域时，应建立流域拓扑关系和地表水系拓扑关系。

（9）小流域划分结果应覆盖整个划分区域，小流域面积之和应等于该区域总面积。

本书中对密云水库的小流域的划分，参照上述标准与相关森林和水资源专家研讨会决定，以集水面积小于 100 km² 的小流域为基本单元进行划分。

3.2.2.2　子流域的划分方法

（1）技术流程

小流域划分包括基础数据准备、空间数据库构建、水文分析、小流域划分、小流域命名、小流域编码、小流域属性添加、成果入库及输出等环节。技术流程如图 3-8 所示。

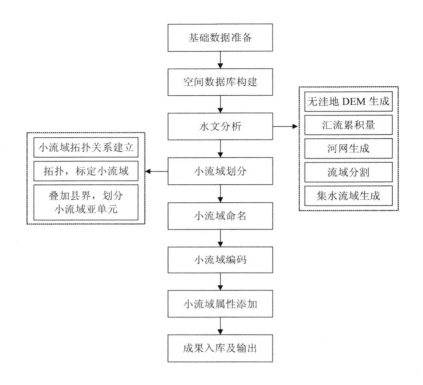

图 3-8 小流域划分技术流程

（2）划分方法

小流域的划分集中于 DEM 地表水文分析，主要包括无洼地 DEM 生成、汇流累积量以及流域分割，具体操作步骤如下。

1）无洼地 DEM 生成

为了避免得到不合理甚至错误的水流方向，在进行水流方向计算之前，应首先对原始的 DEM 数据进行洼地填充，得到无洼地的 DEM。洼地填充的基本过程是先利用水流方向数据计算出 DEM 数据中的洼地区域，并计算其洼地深度，然后根据这些洼地深度设定填充阈值进行洼地填充。

2）汇流累积量

汇流累积量数值矩阵表示区域地形每点的流水累积量。在地表径流模拟过程中，汇流累积量是基于水流方向数据计算得到的。基于无洼地 DEM 得到的水流方向，计算出该区域的汇流累积量。

3）流域分割

在进行流域分割之前，必须先确认汇水流域的出水点，通过 Stream link 可以得到每一个河网弧段的起始点和终止点作为出水点或汇合点的节点，利用水流方向数据和栅格河网数据得到 Stream link 示意图。流域又称集水区域，是指流经其中的水流和其他物质从一个公共的出水口排出，从而形成的一个集中的排水区域，流域间的分界线即为分水岭。分水线包围的区域即为一条河流或水系的流域，流域分水线所包围的区域面积就是流域面积。本书利用集水区的最低点，结合水流方向，以 Stream link 求得流域的出水口数据，最终获得整个集水区域或流域。

3.2.2.3　子流域命名和编码

参照《小流域划分及编码规范》，小流域的命名应符合以下规则：

（1）小流域名称在县级行政区内具有唯一性；

（2）命名力求简明确切、易于辨识，可采用当地沟道、村庄、山脉、河流的名称；

（3）若一个小流域包含多条沟道，且每条沟道都有名称，可采用主沟道或最长沟道名称来命名；

（4）若一个小流域内包含多个村庄，可采用人口最多的村庄名称来命名。

3.2.2.4　子流域划分结果

按照上述技术流程，最终可得到子流域划分结果，如图 3-9 所示。

各条子流域的详细信息见附表 3，在此基础上，将各条子流域的森林、水文、社会经济等信息导入 ArcGIS 10.2 系统中，最终建立密云水库子流域空间数据库。

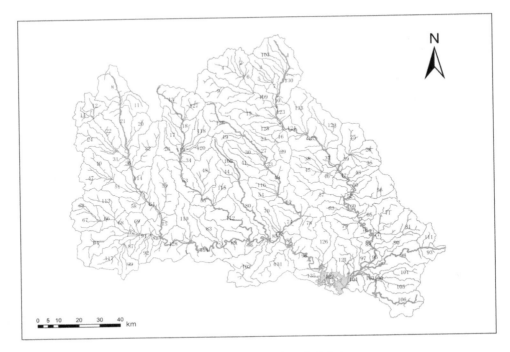

图 3-9　密云水库流域子流域分布

3.3　研究方法

3.3.1　贝叶斯统计学

3.3.1.1　简介

　　贝叶斯统计学由英国统计学家托马斯·贝叶斯于 18 世纪创立。起初，贝叶斯理论方法源于他对一个"逆概"问题的思考和求解（刘未鹏，2014），但是随着时间的推移和研究的深入，这套方法理论所包含的深刻思想对以频率统计为核心的经典数理统计方法产生了重大冲击，亦对现代科学发展和技术进步产生了复杂而深远的影响。

从理论基础来看，经典数理统计学派与贝叶斯统计学派对事物不确定性的理解有着根本不同。经典数理统计学派，即频率学派，认为任何"事件"都是随机的，他们从"自然"角度出发，试图直接为"事件"本身建模。然而，贝叶斯统计学派却认为任何"事件"都是确定的，所有不确定性均由人们的理解或认识不全面所致。因此，贝叶斯统计学派并不试图刻画"事件"本身，而从"人的理解或认识"入手，尝试通过已经观察到的证据（条件）来对事件进行推断，贝叶斯统计方法实际上就是一整套能够让上述推断合理化的理论框架（Jaynes，2009）。

从技术方法来看，经典数理统计学派把需要推断的参数 θ 视作固定且未知的常数，而样本 X 是随机的，其着眼点在样本空间，有关的概率计算都是针对 X 的分布；贝叶斯统计学派则把参数 θ 视作随机变量，而样本 X 是固定的，其着眼点在参数空间，重视参数 θ 的分布，固定的操作模式是通过参数的先验分布结合样本信息得到参数的后验分布（秦松雄，2015）。

多年来，经典数理统计方法一直是科学研究中数据分析的主流技术，但是，近年来也有学者指出，采用经典数理统计方法存在片面追求 P 值（显著性），导致 P 值滥用以及研究结果的错误和不可重复等问题，从而呼吁人们重视贝叶斯统计理论方法（Nuzzo，2014）。使用贝叶斯统计方法能减少由于缺少相关知识而产生的不确定性，因为不同种类的信息，包括模型预测和专家判断，都可作为数据源（Ayre & Landis，2012）。与此同时，随着计算机和人工智能等新兴技术的飞速发展，贝叶斯理论方法得到极大的推广和应用（张连文和郭海鹏，2006）。总之，两个学派的争论并不是一个非黑即白的问题，两个学派各有其信仰、内在逻辑、解释力和局限性，在今后一段时期内一定会长期共存、协同发展（秦松雄，2015）。

3.3.1.2　贝叶斯统计方法的理论模型

（1）贝叶斯定理

贝叶斯定理可用式（3-1）表示：

$$P(A\,|\,B)=\frac{P(B\,|\,A)\times P(A)}{P(B)} \tag{3-1}$$

其中，$P(A|B)$ 表示在 B 条件下 A 的后验概率；$P(B|A)$ 表示在 A 条件下 B 的后验概率；$P(A)$、$P(B)$ 分别表示事件 A、事件 B 的先验概率。

在一个贝叶斯实例中，式（3-1）中的事件 A、事件 B 分别代表 m 维特征向量 C 和 n 维特征向量 X。其中，$C=(c_1,\ c_2,\ \cdots,\ c_m)$；$X=(x_1,\ x_2,\ \cdots,\ x_n)$，则式（3-1）可变为

$$P(C=c_m|x_1,x_2,\cdots,x_n)=\frac{P(C=c_m)P(x_1,x_2,\cdots,x_n\,|\,C=c_m)}{P(x_1,x_2,\cdots,x_n)} \tag{3-2}$$

实际上，对于不同的猜测 c_1、c_2、$\cdots$、c_m，其先验概率 $P（X）$ 都是一样的，所以在计算 $P（C=c_m|x_1$，x_2，$\cdots$，$x_n）$ 时可以忽略这个常数。式（3-2）可简化为

$$P\big(C=c_m|x_1,x_2,\cdots,x_n\big)\propto P\big(C=c_m\big)P\big(x_1,x_2,\cdots,x_n\,|\,C=c_m\big) \tag{3-3}$$

其中，$P（C=c_m|x_1$，x_2，$\cdots$，$x_n）$ 是 C 的后验分布；$P（C=c_m）$ 是 C 的先验分布；$P（x_1$，x_2，$\cdots$，$x_n|C=c_m）$ 可通过极大似然法求得，称为 C 的似然函数。因此，式（3-3）表示：对于给定特征向量 X，一个特征向量的后验概率取决于"这个猜测本身独立的可能性大小"（先验概率，Prior）和"这个猜测生成我们观测到的数据的可能性大小"（似然函数，Likelihood）的乘积（刘未鹏，2014）。

（2）朴素贝叶斯模型

朴素贝叶斯模型（Näive Bayesian Model）基于一个特征向量条件独立的"朴素"假设，即各个特征向量（x_1，x_2，$\cdots$，x_n）相互独立，不存在依赖关系。采用式（3-4）表示为

$$P\big(x_1,x_2,\cdots,x_n\,|\,C=c_m\big)=\prod_{i=1}^{n}P(x_i\,|\,C=c_m) \tag{3-4}$$

将式（3-4）代入式（3-3），可得到

$$P\left(C = c_m | x_1, x_2, \cdots, x_n\right) \propto P\left(C = c_m\right) \prod_{i=1}^{n} P\left(x_i \mid C = c_m\right) \qquad (3\text{-}5)$$

式（3-5）可采用有向无环图（Directed Acyclic Graph，DAG），如图 3-10 所示。

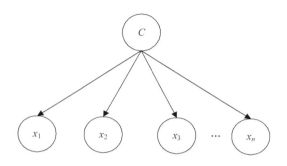

图 3-10　朴素贝叶斯模型的有向无环图

贝叶斯有向无环图中的节点表示特征向量，连接两个节点的箭头代表此两个特征向量是非条件独立（或具有因果关系）。若两个节点间以一个单箭头连接在一起，表示其中一个节点是"因"，另一个是"果"，两个节点就会产生一个条件概率值。从图 3-10 中可以看出，朴素贝叶斯模型的 x_1，x_2，x_3，$\cdots$，x_n 特征向量间服从条件独立假设，相互之间没有依存关系，而特征向量 C 与 x_1，x_2，x_3，$\cdots$，x_n 之间则存在明显的依存关系，产生后验概率 $P(C \mid x_i)$，它们之间的关系服从式（3-4），一个 n 维的条件分布就转化为 n 个一维条件分布，降低了运算难度。

但在实际应用中，朴素贝叶斯模型的条件独立假设很难得到满足，同一层特征向量间总是存在这样或那样的联系（图 3-11），可以用一个概率来描述，也就是说，连接弧上存在附加权重，这时就需要放宽条件独立假设，引入基于熵的加权朴素贝叶斯模型（Entropy-based Weighted Näive Bayesian Model）来估计后验概率（Liu et al.，2017）。

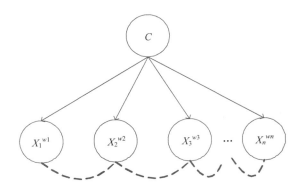

图 3-11 基于熵的加权朴素贝叶斯模型的有向无环图

（3）贝叶斯网络模型

在现实生活中，事物间的相互联系远比朴素贝叶斯模型中的"多对一"关系要错综复杂，很可能是交叉、"多对多"的关系，这就是贝叶斯网络模型。贝叶斯网络是一种图模型，它使用条件概率分布来描述模型变量间的关系（张连文和郭海鹏，2006；Ayre & Landis，2012）。实际上，朴素贝叶斯模型可以看作贝叶斯网络模型的特殊情况，而通常的贝叶斯网络存在边界，且各个节点不独立，如图 3-12所示。

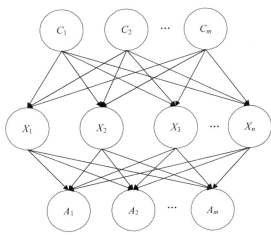

图 3-12 贝叶斯网络模型的有向无环图

从图 3-12 中可以看出，贝叶斯网络的每一个节点向量只与其直接相连的节点向量有关，而跟与它间接相连的节点向量没有关系。但需要注意的是，两个节点向量没有直接的有向弧连接，只说明它们之间没有直接的因果关系，但是可通过中间节点向量产生间接影响，如 C_1 通过 X_1 对 A_1 产生间接影响，而这种影响可以基于马尔可夫假设，通过条件概率计算出来（吴军，2014）。

1）贝叶斯网络与马尔可夫链

马尔可夫假设指出，事物每一个状态的取值，只与其相邻的前面一个状态有关。因此，马尔可夫链（Markov Chain）描述了一种状态序列，其每个状态取值取决于前面有限个状态。前文提到，计算贝叶斯网络每一个状态取值时，同样只考虑直接相连的前面一个状态。但是，贝叶斯网络的拓扑结构比马尔可夫链更灵活，它不受马尔可夫链链状结构的约束，可以更准确地描述事物之间的相关性。可见，马尔可夫链是贝叶斯网络的特例，而贝叶斯网络是马尔可夫链的推广（吴军，2014）。

2）通过参数学习构造贝叶斯网络模型

贝叶斯网络模型的构造方法主要有两种：一种是通过咨询专家手工构造；另一种则是通过网络学习，即数据分析来构造。本书主要采用网络学习方法构造贝叶斯网络模型。贝叶斯网络学习指的是通过分析数据来构造贝叶斯网络的过程，它包括参数学习和结构学习两种具体方法。参数学习指的是已知网络结构，确定网络参数的问题；结构学习则是既要确定网络结构，又要确定网络参数。这里主要讨论参数学习方法。

参数学习实际上就是数理统计中常用的参数估计。在完整数据条件下，需要用到最大似然估计和贝叶斯估计；在数据缺失条件下，则需用到期望优化（Expectation Maximization，EM）算法（张连文和郭海鹏，2006）。本书采用最大似然估计进行参数学习。

● 单参数最大似然估计

在给定数据 $X=(x_1, x_2, x_3, \cdots, x_m)$ 和分布 D 的条件下，分布参数 θ 的某个

可能取值θ_0与数据X的拟合程度，可以用数据的条件概率$P(X|\theta=\theta_0)$来度量。这个概率越大，θ_0与X的拟合程度就越高。给定θ，数据X的条件概率$P(X|\theta)$称为θ的似然度（Likelihood），记为

$$L(\theta \mid X) = P(X \mid \theta) \tag{3-6}$$

如果固定X而让θ在其定义域上变动，那么$L(\theta|X)$就是θ的一个函数，成为θ的似然函数（Likelihood Function）。参数θ的最大似然估计（Maximum Likelihood Estimation，MLE），是令$L(\theta|X)$达到最大值的那个取值θ'，即

$$\theta' = \max\left[L(\theta \mid X)\right] \tag{3-7}$$

为了计算方便，需要做出独立同分布假设（Independent and Identically Distributed，IID）。其中，独立假设为X中各样本在给定参数θ时相互独立，即

$$L(\theta \mid X) = P(X|\theta) = \prod_{i=1}^{m} P(x_i \mid \theta) \tag{3-8}$$

同分布假设为每个样本x_i的条件概率分布相同，即

$$P(X = x_i|\theta) = \theta \tag{3-9}$$

对似然函数$L（\theta|X）$取对数，就得到对数似然函数，即

$$l(\theta \mid X) = \log L(\theta \mid X) \tag{3-10}$$

通过求解对数似然函数极值，可以得到参数θ的最大似然估计。

● 单变量网络参数最大似然估计

由一个多值变量$D=(d_1, d_2, d_3, \cdots, d_r)$组成的贝叶斯网络，网络参数包括$\theta_i=P(X=x_i)$，$i=1, 2, 3, \cdots, r$。设有一组独立同分布数据$X=(x_1, x_2, x_3, \cdots, x_m)$，其中满足$D=d_i$的样本个数是$m_i$，则$\theta$的最大似然函数可表示为

$$L(\theta|X) = \prod_{i=1}^{r} P(x_i|\theta_i^{m_i}) \tag{3-11}$$

式（3-11）称为多项似然函数，其中的 $\{m_i|i=1，2，\cdots，r\}$ 是充分统计量，相应的对数似然函数为

$$l(\theta|X) = \sum_{i=1}^{r} m_i \log \theta_i \tag{3-12}$$

θ 的最大似然估计 $\theta' = (\theta_1', \theta_2', \theta_3', \cdots, \theta_m')$，由下式给出：

$$\theta_i' = \frac{m_i}{m} \tag{3-13}$$

其中，$m = \sum_{i=1}^{r} m_i$ 是样本量。

- 一般网络最大似然估计

一个由 n 个变量 $D=\{D_1，D_2，\cdots，D_n\}$ 组成的贝叶斯网络 N，设其中的节点 D_i 共有 r_i 个取值，1，2，$\cdots$，r_i，其父节点 $\pi(D_i)$ 的取值共有 q_i 个组合，1，2，$\cdots$，q_i，若 D_i 无父节点，则 $q_i=1$。那么，网络参数可表示为

$$\theta_{ijk} = P(D_i = k|\pi(D_i) = j) \tag{3-14}$$

其中，i 的取值范围是 $1 \sim n$，而一个固定的 j 和 k 的取值范围分别是 $1 \sim q_i$ 及 $1 \sim r_i$，θ 表示所有 θ_{ijk} 组成的向量，设 $X=(X_1，X_2，X_3，\cdots，X_m)$ 是一组关于 N 的 IID 完整数据，则 θ 的对数似然函数为

$$l(\theta|X) = \log \prod_{i=1}^{m} P(X_i|\theta) \tag{3-15}$$

为了得到关于 $\log P（X_i|\theta)$ 的表达式，定义样本 X_i 的特征函数 $\chi(i,j,k:X_i)$ 如下：

$$\chi(i,j,k:X_i) = \begin{cases} 1, 若在 X_i 中 D_i = k 且 \pi(D_i) = j \\ 0, 若否 \end{cases} \tag{3-16}$$

则有

$$\log P(X_i|\theta) = \sum_{i=1}^{n}\sum_{j=1}^{q_i}\sum_{k=1}^{r_i}\chi(i,j,k:X_i)\log\theta_{ijk} \tag{3-17}$$

3）贝叶斯网络概率推理

在构建贝叶斯网络的基础上，可以使用贝叶斯网络进行概率推理，实际上指求解后验概率问题，通常采用变量消元法计算后验概率。概率推理通常包括诊断推理和预测推理（张连文和郭海鹏，2006），本书主要讨论预测推理问题。以图3-13 所示的贝叶斯网络为例，来说明后验概率计算问题。

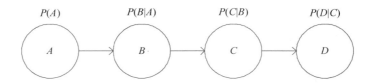

$P(A)$ $P(B|A)$ $P(C|B)$ $P(D|C)$

A → B → C → D

图 3-13 一个链状贝叶斯网络

如图 3-13 所示，为了计算 $P(D)$，有

$$P(D) = \sum_{A,B,C}P(A,B,C,D) = \sum_{A,B,C}P(A)P(B|A)P(C|B)P(D|C) \tag{3-18}$$

假设所有变量均为二值，而且乘法按顺序进行，则 $P(A)$ 与 $P(B|A)$ 相乘需要做 4 次相乘，其结果与 $P(C|B)$ 相乘需要做 8 次相乘，再与 $P(D|C)$ 相乘需要做 16 次数字乘法。以上计算过程总共需要 28 次相乘，此外还需要 14 次相加，运算较为复杂，因此可采用联合分布的分解来降低计算复杂度，如式（3-19）所示：

$$P(D) = \sum_{C}P(D|C)\sum_{B}P(C|B)\sum_{A}P(A)P(B|A) \tag{3-19}$$

式（3-19）分别对 A、B、C 变量的联合分布求解，总共需要 12 次相乘和 6 次相加，大大降低了运算量。联合分布的分解之所以能够降低推理的复杂度，主要是因为它使运算可以局部化，按照此基本原理，对于更为复杂的贝叶斯网络，可以采用联结树算法（Junction Tree Algorithm）进行概率推理（张连文和郭海鹏，2006）。

3.3.2　层次分析法

3.3.2.1　简介

人们在日常生活和工作中，往往面临许多较为复杂的决策问题，如大城市居民的出行方式选择问题，对于居民来说，可供选择的出行方式有许多种（自驾、地铁、公交、出租车等），每种出行方式又同时受到出行距离、天气、价格、舒适度等多种因素的共同影响。这时的决策问题就变得较为复杂，需要对每种方案进行综合比较、判断和评价，最终做出决策。而这个决策过程既涉及人们的主观因素，又受现实客观因素的影响，传统的纯定性或定量分析方法难以满足工作需要。因此，层次分析法应运而生。

层次分析法（Analytic Hierarchy Process，AHP）是一种系统化、结构化、层次化的定性与定量分析相结合的决策分析方法，由美国运筹学家 Thomas L. Saaty 于 20 世纪 80 年代提出，主要用于解决较为复杂的多层次、多因素条件下的决策问题（Saaty，1980）。其核心思想是在建立决策层次结构模型的基础上，分别对决策影响因素和解决方案进行两两比较；然后运用数学方法对所有两两比较结果进行综合评估，最终得到针对多因素的决策方案。这样较为复杂的多层次、多因素决策问题，就转化为较为简单的两两因素比较分析问题，不仅极大地简化了决策问题，而且保证了决策的客观和科学性。

3.3.2.2　AHP 法的分析步骤

（1）建立层次结构模型

一般的决策问题可分解为三层，即目标层、指标层和方案层。以上文提到的居民出行方式选择问题为例，可分解成如图 3-14 所示的形式。

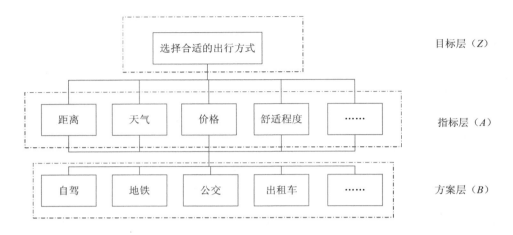

图 3-14 出行方式的 AHP 层次结构模型

（2）构造成对比较矩阵

假设某层有 n 个因素，$X=\{x_1,\ x_2,\ \cdots,\ x_n\}$，现在需要了解它们对上一层某一指标（或目标）的影响程度，确定它们在该层中相对于某一指标（或目标）所占的比重，也就是把这 n 个因素对上一层的影响程度排序。具体通过两两因素之间的比较进行，用 a_{ij} 表示第 i 个因素相对于第 j 个因素的比较结果，则

$$a_{ij}=\frac{1}{a_{ji}} \tag{3-20}$$

进一步可得到 n 个因素的成对比较矩阵 A 如下：

$$A=\left(a_{ij}\right)_{n\times n}=\begin{pmatrix} a_{11} & a_{12} & \cdots & a_{1n} \\ a_{21} & a_{22} & \cdots & a_{2n} \\ \vdots & \vdots & & \vdots \\ a_{n1} & a_{n2} & \cdots & a_{nn} \end{pmatrix} \tag{3-21}$$

显然，成对比较矩阵 A 满足：$a_{ij}>0$，$a_{ii}=1$。对于矩阵的赋值，可按表 3-5 所示的尺度进行。

表 3-5　AHP 方法的比较尺度描述

尺度	描述
1	a_i 与 a_j 的影响相同
3	a_i 比 a_j 的影响稍强
5	a_i 比 a_j 的影响强
7	a_i 比 a_j 的影响明显强
9	a_i 比 a_j 的影响绝对强

此外，尺度 2、尺度 4、尺度 6、尺度 8 表示 a_i 相对于 a_j 的影响分别介于尺度 1、尺度 3、尺度 5、尺度 7、尺度 9 之间。

（3）层次单排序

层次单排序是指确定下层各因素对上层某因素影响程度的过程。通过观察，笔者发现成对比较矩阵各行之和，恰好与因素相对重要性向量 $W=(w_1,w_2,\cdots,w_n)^T$ 成正比，即

$$\begin{pmatrix} w_1 \\ w_2 \\ \vdots \\ w_n \end{pmatrix} \propto \sum_{j=1}^{n} \begin{pmatrix} a_{1j} \\ a_{2j} \\ \vdots \\ a_{nj} \end{pmatrix} \tag{3-22}$$

由此，我们可以对式（3-21）中各行求和，以得到各个因素的相对重要性。为了便于研究，通常采用加权平均的方法使 w_1，w_2，$\cdots$，w_n 之和为 1，这个过程被称为归一化，w_1，w_2，$\cdots$，w_n 实际上就是各个因素的权重，由此可以得到各个因素相对重要性的排序。通过进一步观察式（3-21）发现：

$$AW = \begin{pmatrix} a_{11} & a_{12} & \cdots & a_{1n} \\ a_{21} & a_{22} & \cdots & a_{2n} \\ \vdots & \vdots & & \vdots \\ a_{n1} & a_{n2} & \cdots & a_{nn} \end{pmatrix} \begin{pmatrix} w_1 \\ w_2 \\ \vdots \\ w_n \end{pmatrix} = \lambda \begin{pmatrix} w_1 \\ w_2 \\ \vdots \\ w_n \end{pmatrix} = \lambda W \tag{3-23}$$

由此可以得出，W 是 A 的特征向量，对应的特征值为 λ。因此，可通过求解矩阵特征值和特征向量的办法来得到各因素的权重。具体求解可分为一致性和非

一致性矩阵情况来对待。这里首先给出一致性矩阵的定义是：

$$a_{ij}a_{jk} = a_{ik}, \forall i,j,k = 1,2,\cdots,n \quad\quad (3\text{-}24)$$

满足式（3-24）关系的被称为一致性矩阵。一致性矩阵有一个性质可以算出不同因素的比例，若 A 的最大特征值 λ_{max} 对应的特征向量为 $W=(w_1,\ w_2,\ \cdots,\ w_n)^T$，则 $a_{ij} = \dfrac{w_i}{w_j}$，对 w 进行归一化处理后，可以得到各个因素的权重。若成对比较矩阵是非一致阵，Saaty 等（1980）建议将其最大特征根对应的归一化特征向量作为权向量。所以，通过求比较矩阵的最大特征值所对应的特征向量，就可以获得不同因素的权重。

（4）一致性检验

通常，由于两两比较是人们的主观判断，由此获得的重要性比值不可能完全一致，往往存在估计误差。例如，在判断因素 1、2、3 的重要性时，可以存在一些差异，但是不能太大，1 比 2 重要，2 比 3 重要，1 和 3 相比时却成了 3 比 1 重要，这显然不能被接受。因此，可通过一致性检验的方法来衡量 A 的不一致程度，一致性指标（Consistency Index，CI）定义如下：

$$CI = \frac{\lambda - n}{n - 1} \quad\quad (3\text{-}25)$$

其中，n 为 A 的对角线元素之和。用于衡量 CI 的标准为随机一致性标准（Random Consistency Index，RI），Saaty（1980）给出的 RI 值见表 3-6。

表 3-6　AHP 方法的随机一致性标准（RI）

n	1	2	3	4	5	6	7	8	9	10	11
RI	0	0	0.58	0.90	1.12	1.24	1.32	1.41	1.45	1.49	1.51

一般来讲，当一致性比率（Consistency Ratio，CR）满足式（3-25）的条件时，可认为 A 的不一致程度在允许范围内，通过一致性检验，可将其归一化特征向量

作为因素权重向量，否则，需要重新构造成对比较矩阵 A。

$$CR = \frac{CI}{RI} < 0.1 \tag{3-26}$$

（5）层次总排序及一致性检验

确定某层所有因素对总目标相对重要性的排序权重过程，称为层次总排序。按上节方法分别得到指标层（A）对目标层（Z）的层次单排序为：a_1，a_2，…，a_m；方案层（B）对指标层（A）的层次单排序为：b_{1j}，b_{2j}，…，b_{nj}。由此可以得到，B 层的层次总排序，即 B 层第 i 个因素对总目标的权重为

$$\sum_{i=1}^{m} a_i b_{ni} = b_n \tag{3-27}$$

在此基础上，可通过式（3-28）进行一致性检验。

$$CR = \frac{a_1 CI_1 + a_2 CI_2 + \cdots + a_m CI_m}{a_1 RI_1 + a_2 RI_2 + \cdots + a_m RI_m} \tag{3-28}$$

当 CR<0.1 时，认为通过一致性检验。由此可以最终得到各个方案相对于目标的权重 B_n。

3.3.3　有序加权平均法

3.3.3.1　简介

空间多准则决策问题实际上就是采用多个一定的评估准则，对一套决策方案开展评估的问题。决策结果严重依赖于决策规则（Valente & Vettorazzi，2008）。可见，问题的核心就是如何定义决策规则或评估算法。所谓决策规则，是指一套决策程序，它能够支配决策方案的顺序，或者在某个决策问题里，哪一种方案较其他方案更受青睐。在 GIS 环境下，决策规则能帮助决策者对决策方案进行排序，并选出一个或多个最佳方案。目前，得到广泛应用的两类多准则决策方法为：加权线性合并法（Weighted Linear Combination，WLC）和布尔叠加操作法（Boolean Overlay Operators）（Jiang & Eastman，2000）。在 GIS 里经常采用的对多个属性图

的空间叠加运算，实际上就是加权线性合并法。

由于属性间存在互补影响，简单地对多个属性加权后叠加，会造成一个属性因子对决策结果的限制作用，可能会被另一个属性因子所抵消，从而使评价结果丧失客观性。因此，需要一种决策方法或工具帮助决策者理解属性间内在的平衡关系（Greene et al.，2011）。在此背景下，美国系统工程学家 Ronald R. Yager 于20 世纪 80 年代末提出有序加权平均法（Ordered Weighted Averaging，OWA）（Yager，1988；Yager et al.，2011）。

OWA 法是一类多准则决策的聚类算法，它基于模糊集理论，是一种灵活、弹性的决策方法。OWA 法依照不同决策准则间的相互取舍和整体决策风险，相应地提供了一套连续、完整的决策集（Jiang & Eastman，2000；Malczewski，2004，2006）。OWA 法可协助决策者权衡风险承担水平（ANDORness）和平衡决策准则（Tradeoff）之间的关系。在传统的加权线性合并法中，评价指标之间的平衡关系完全由准则权重决定，在这里的平衡水平是固定的，通常假定为完全平衡状态（Full Tradeoff）。然而在 OWA 法中，准则权重根据平衡水平而相应变化，在完全平衡状态时，它们保持原来大小；当向非平衡状态（No Tradeoff）变化时，原有准则权重的意义将会失去，而逐渐趋于相等。

3.3.3.2　OWA 法的定义

OWA 法运算需要用到两套权重向量：准则权重（Criterion Weights）（u_j，$j=1$，2，…，n）和次序权重（Order Weights）（w_j，$j=1$，2，…，n）。在研究空间决策问题时，准则权重表示决策者对第 j 个属性图层的偏好程度；而次序权重则与基于"位置—位置"（Location-by-location）的准则值密切相关，它们表示以降序排列的第 i 个位置的属性值，无须考虑准则值来自哪个图层（Yager，1988；Boroushaki & Malczewski，2008）。Yager（1988）对 OWA 值的定义如下：

$$OWA = \sum_{j=1}^{n} w_j z_{ij} \tag{3-29}$$

其中，$z_{i1} \geqslant z_{i2} \geqslant \cdots \geqslant z_{ij}$，表示原始属性值 x_{i1}，x_{i2}，…，x_{ij} 经过重新降序排列

处理后得到的数列；对于次序权重 w_j 来说，$\sum_{j=1}^{n} w_j = 1$，$0 \le w_j \le 1$，$j=1,2,\cdots,n$。由此可见，次序权重 w_j 与原始准则值 x_{ij} 无关，只是将 w_j 分配到一个具体的次序位置上。式（3-29）中，通过采用不同类型的次序权重 w_j，可以得到多种不同的 OWA 运算法，包括上文提到的两种特例 WLC 法和布尔叠加操作法（Yager，1988；Boroushaki & Malczewski，2008）。

3.3.3.3 准则权重和次序权重

OWA 法采用两套决策权重用于问题决策，其中，准则权重是对各个决策准则相对重要性的衡量，可通过 AHP 法等多标准决策方法求得；次序权重是 OWA 法的核心，用于在获得准则权重的基础上，对其进行排序。在传统的多准则决策中，决策方案完全由准则权重确定，即决策准则之间的平衡完全由准则权重决定。但是在实际工作中，往往要评估多个情境下的决策方案（如高、中、低风险等级），即需要对各个决策准则进行不同的折中处理，这样就使原有准则权重对决策的影响发生变化。次序权重实际上控制的是聚类算法在决策空间（图 3-15）中的具体位置。

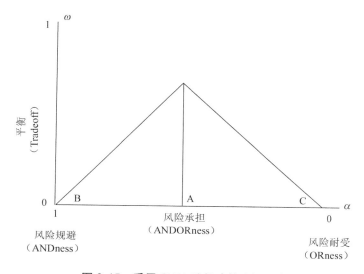

图 3-15　采用 OWA 法的决策空间示意

图 3-15 中三角形区域表示问题的决策空间，当处于 A 决策点时，表明准则权重是完全折中水平，保持原有相对重要性，不受次序权重的影响，即 $w_j=1/n$，$OWA=\sum_{j=1}^{n}\dfrac{x_{ij}}{n}$，这种特例实际上就是传统的 WLC 法，即对不同评价指标赋予相应的准则权重，然后进行空间叠加，可得到相应的适宜性分布图；当决策点向左右两方移动时，准则权重的相对重要性将发生变化，次序权重起到控制决策风险承担和平衡水平的作用。横坐标轴 ANDORness 反映了决策者对待风险的态度，具体说来，B 点表示一种"风险规避"的极端情况，决策方案必须满足每一条决策准则，用 min 或 ANDness 表示，即 $w_{min}=(0, 0, \cdots, 1)$，$OWA_{min}=\min_j(x_{i1}, x_{i2}, \cdots, x_{in})$；而 C 点表示一种"风险耐受"的极端情况，决策方案只需满足一条决策准则，用 max 或 ORness 表示，即 $w_{max}=(1, 0, \cdots, 0)$，$OWA_{max}=\max_j(x_{i1}, x_{i2}, \cdots, x_{in})$。纵坐标轴 Tradeoff 代表了不同因素相互间平衡的程度。Jiang 和 Eastman（2000）提出用下式计算 ANDness、ORness 和 Tradeoff 的水平。

$$ANDness = \frac{1}{n-1}\sum_{i=1}^{n}\left[w_i(n-i)\right] \tag{3-30}$$

$$ORness = 1 - ANDness \tag{3-31}$$

$$Tradeoff = 1 - \sqrt{\frac{n\sum_{i=1}^{n}\left(w_i-\frac{1}{n}\right)^2}{n-1}} \tag{3-32}$$

在式（3-30）、式（3-31）和式（3-32）中，n 表示决策准则的数量；i 表示决策准则的次序；w_i 表示次序权重。从上式可以看出，ANDness 和 ORness 主要受次序权重左右偏离水平的影响，而 Tradeoff 则受次序权重上下离散程度的影响。由此可见，OWA 法最大的优点在于：它能够通过调整次序权重 w_i 值的大小，来控制 ANDORness 和 Tradeoff 的水平，为决策提供更多接近真实情况的情境，从而使决策更加客观。

3.3.3.4 次序权重的计算

OWA 法能否得到广泛使用的关键在于选择合适的次序权重（Yager，1988；Jiang & Eastman，2000；Malczewski & Liu，2014）。近年来，多种 OWA 次序权重计算方法不断得到总结完善（Yager et al.，2011）。本书将采用最大化法（MAXness method）来计算次序权重，通过计算 ORness(α)和 Tradeoff(ω)来确定 OWA 在图 3-15 中的具体位置，以此确定次序权重，α 和 ω 的定义和计算方法如式（3-30）、式（3-31）和式（3-32）所示。

根据 3.3.3.3 的分析，α 实际上反映了决策者的风险承受能力，或者说对待风险的态度，通过图 3-15 的横坐标轴表示。以此得出的次序权重则进一步反映了在决策过程中，不受决策者控制，而又对决策结果产生重要影响因素的概率（Malczewski et al.，2000，2003）。因此，乐观的决策将必然事件（即概率为 1 时）置于第一次序，而悲观的决策则将其置于最后一位。$0.5 < \alpha \leqslant 1$ 时，表示为乐观决策；$0 \leqslant \alpha < 0.5$ 时，表示为悲观决策；$\alpha = 0.5$ 时，表示为风险中立决策。

通过 ω 量测次序权重的离散程度，以此可进一步描述次序权重，用图 3-15 的纵坐标轴表示。基于 Shannon 提出的熵理论，可将 ω 定义如下：

$$\omega = -\sum_{j=1}^{n} w_j \ln w_j \tag{3-33}$$

$w_j = 1$ 时，离散程度最小，$\omega = 0$；$w_j = 1/n$ 时，离散程度最大，$\omega = \ln n$，这也是图 3-15 中 B、C 和 A 分别代表的情况。换句话说，ω 描述了 OWA 算法与算术平均间的接近相符程度。在景观规划管理中，ω 可进一步被解释为对多个属性图包含信息利用的充分程度，次序权重越分散，表明决策对各个属性图层信息的利用越充分。

在 α 和 ω 一定的情况下，可通过求解式（3-34）的非线性数学模型得到一套最优的次序权重。另外，式（3-34）需同时满足式（3-35）和式（3-36）的条件。

$$\max(\omega) = -\sum_{j=1}^{n} w_j \ln w_j \tag{3-34}$$

$$\alpha = \sum_{j=1}^{n}\left(\frac{n-j}{n-1}\right)w_j \tag{3-35}$$

$$\sum_{j=1}^{n}w_j = 1 \text{ 和 } 0 \leqslant w_j \leqslant 1 \tag{3-36}$$

采用 What's Best 14.0 优化计算软件（LINDO，2016），求解上述模型，可得到不同 α 值和不同数量决策因素（或属性）条件下的次序权重，见表 3-7。

表 3-7 不同 α 值和不同数量决策因素条件下的最优次序权重

	α										
	0	0.1	0.2	0.3	0.4	0.5	0.6	0.7	0.8	0.9	1
$n=2$											
w_1	0.000	0.100	0.200	0.300	0.400	0.500	0.600	0.700	0.800	0.900	1.000
w_2	1.000	0.900	0.800	0.700	0.600	0.500	0.400	0.300	0.200	0.100	0.000
$n=3$											
w_1	0.000	0.026	0.082	0.154	0.238	0.333	0.438	0.554	0.682	0.826	1.000
w_2	0.000	0.148	0.236	0.292	0.323	0.333	0.323	0.292	0.236	0.148	0.000
w_3	1.000	0.826	0.682	0.554	0.438	0.333	0.238	0.154	0.082	0.026	0.000
$\sum w_j$	1.000										

从表 3-7 中可以看出，自 $n \geqslant 3$ 时起，w_j 与 α 表现出了明显的非线性特征。以 $n=3$ 为例，当 $\alpha \in [0,0.5]$ 时，随着 α 值增加，w_1、w_2 值相应增加，w_3 值在减少；而当 $\alpha \in (0.5,1]$ 时，w_1 值增加，w_2、w_3 值减少。总体来看，w_1 和 w_3 呈方向相反的指数函数分布，而 w_2 则呈先升后降的抛物线函数分布（Malczewski et al.，2003）。

3.3.3.5 WOWA 算法

在实际的空间多标准决策过程中，还需要考虑不同属性图层的相对重要性（即准则权重）对最终决策结果的影响。Malczewski 等（2003）提出通过准则权重对式（3-29）进行修订，得到 WOWA（Weighted OWA），如式（3-37）所示：

$$WOWA = \sum_{j=1}^{n} \frac{u_j w_j z_{ij}}{\sum_{j=1}^{n} u_j w_j} \qquad （3-37）$$

u_j表示经过重新降序排列处理后的准则权重，其余符号的含义与上一节相同。显然，该计算公式并没有反映不同决策风险水平（α）下 WOWA 的变化。因此，我们可以通过如下方法将α值纳入 WOWA 的计算过程，使 WOWA 能够反映相应的决策风险，从而更加接近实际情况。具体说来，通过建立一个含有α变量的转换函数（Transformation Function），对式（3-37）进行转换（Yager et al.，2011）。转换函数可通过模糊建模的方法获得，将α划分为低、中、高三个区间（Yager et al.，2011），见表 3-8。

表 3-8　不同决策风险下的转换函数

决策风险（α）	转换函数[$f(\alpha)$]	
	$\alpha \leqslant 0.5$	$\alpha \geqslant 0.5$
低	low(α)=$-2\alpha+1$	low(α)=0
中	medium(α)=2α	medium(α)=$2-2\alpha$
高	high(α)=0	high(α)=$2\alpha-1$

由表 3-8 可知，low(α)+medium(α)+high(α)=1。也可通过图 3-16 表示。

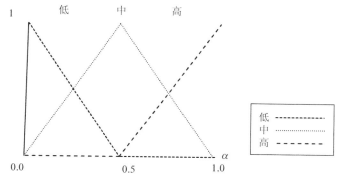

图 3-16　α区间分布情况

在这里，准则权重 $u_j \in [0, 1]$，对第 j 个属性的第 i 个位置上属性值 x_{ij} 进行归一化处理后得到 s_{ij}，且 $\sum_{i=1}^{j} u_j = 1$。在上述条件下，参考图 3-16，得到如下分段的转化函数（Malczewski et al.，2003）：

$$q_{ij(1)} = (-2\alpha + 1)u_j s_{ij} + 2\alpha n u_j s_{ij} \qquad 0 \leqslant \alpha \leqslant 0.5 \qquad (3\text{-}38)$$

$$q_{ij(2)} = (2\alpha + 1)u_j s_{ij} + (2 - 2\alpha)n u_j s_{ij} \qquad 0.5 \leqslant \alpha \leqslant 1.0 \qquad (3\text{-}39)$$

在此基础上，WOWA 值可通过式（3-40）和式（3-41）求得：

$$\text{WOWA}_1 = \sum_{i=1}^{j} w_j t_{ij} \qquad 0 \leqslant \alpha \leqslant 0.5 \qquad (3\text{-}40)$$

$$\text{WOWA}_2 = \sum_{i=1}^{j} w_j l_{ij} \qquad 0.5 \leqslant \alpha \leqslant 1.0 \qquad (3\text{-}41)$$

其中，t_{ij} 和 l_{ij} 分别表示在 $0 \leqslant \alpha \leqslant 0.5$ 和 $0.5 \leqslant \alpha \leqslant 1.0$ 时，对转换函数值 $q_{ij(1)}$ 和 $q_{ij(2)}$ 进行降序排列后得到的数列。

总之，WOWA 算法可以看作对传统 GIS 空间叠加的延伸和推广，见表 3-7，通过调整 α 值，可以得到一系列不同的次序权重，覆盖了从 $w_{\min}=(0, 0, \cdots, 1)$ 到 $w_{\max}=(1, 0, \cdots, 0)$ 的整个范围，这实际上代表了从悲观[$\alpha=0$, $w_{\min}=(0, 0, \cdots, 1)$]到中立[$\alpha=0.5$, $w_{\min}=(1/n, 1/n, \cdots, 1/n)$]，再到乐观[$\alpha=1$, $w_{\min}=(1, 0, \cdots, 0)$]等不同的决策情境，可以更加逼真地模拟不同的决策场景。目前，WOWA 算法已广泛地应用于 IDRISI 等地理信息系统软件，开展相关空间决策分析（Jiang & Eastman，2000；Malczewski et al.，2003）。

3.3.4　敏感性分析法

3.3.4.1　简介

敏感性分析（Sensitivity Analysis，SA）就是研究模型参数的变动对模型输出值的影响程度（蔡毅等，2008）。参数对模型影响的大小通过敏感性系数来描述，敏感性系数越大，影响越大，但是如果模型参数存在不确定性，就必然带来模型结果的不确定性，从而影响决策精度。在空间多准则决策分析中，敏感性分析的核心在于评价各个准则对决策结果的影响，保留那些对决策结果影响大（即敏感性系数较大）的准则，而去除那些对决策结果影响小（即敏感性系数较小）的准则，以提高决策结果的可靠性（徐崇刚等，2004；蔡毅等，2008）。

在多准则决策过程中，敏感性分析常被用来判断决策过程的稳健性（Malczewski，1999）。在土地利用和景观规划等空间多准则决策问题中，决策结果通常取决于准则权重大小，因此，可以采用 OAT 敏感性分析法来寻找对权重变化较为敏感的准则，同时发现准则权重变化对空间决策结果的影响（Daniel，1973；Chen et al.，2011）。OAT 敏感性分析法具体包括准则权重法和矩阵法。

3.3.4.2　敏感性分析算法

本书主要探讨准则权重变化导致的空间输出结果变化，以及给空间决策结果可能带来的影响。通常采用两种方法来分析权重敏感性：一是直接调整由 AHP 配对比较矩阵计算得出的准则权重值；二是在 AHP 配对比较矩阵中调整准则间的配对比较分数，这样也会造成最后准则权重值的变化（Chen et al.，2010b）。

（1）准则权重敏感性分析法

需要先设定准则权重变化范围（Range of Percent Change，RPC），准则权重变化在此范围内进行，如+20%或–20%，具体变化值为在此范围内原始值的百分比变化增量（Increment of Percent Change，IPC）（Chen et al.，2010b）。在此基础上，对一个空间决策问题开展敏感性模拟的总数为

$$Runs = \sum_{i=1}^{n} r_i \qquad (3\text{-}42)$$

其中，$Runs$ 为敏感性模拟总数；n 为评估属性数量；r_i 为第 i 个属性权重在 RPC 范围内的 IPC 数量。同样，所有属性权重在变化后，仍需满足和为 1 的条件，如式（3-43）所示：

$$W(pc) = \sum_{i=1}^{n} W(c_i, pc) = 1，RPC_{\min} \leqslant pc \leqslant RPC_{\max} \qquad （3-43）$$

其中，$W（pc）$ 为某一百分比变化水平（pc）上的权重和；$W(c_i, pc)$ 为第 i 个评估准则 c_i 在某一百分比变化水平（pc）上的权重，$RPC_{\max}$ 和 $RPC_{\min}$ 分别为准则权重变化范围的上限和下限。

当采用 OAT 方法调整某一评估准则权重时，可用式（3-44）表示为

$$W(c_m, pc) = W(c_m, 0) + W(c_m, 0) \times pc，1 \leqslant m \leqslant n \qquad （3-44）$$

$W（c_m, pc）$ 为第 m 个准则调整后的权重，$W(c_m, 0)$ 为它调整前的权重。为了满足式（3-43）的条件，除 m 以外的其他准则需按式（3-44）的 $W（c_m, pc）$ 做如下调整：

$$W(c_i, pc) = [1 - W(c_m, pc)] \times W(c_i, 0) / [1 - W(c_m, 0)]，i \neq m，1 \leqslant i \leqslant n \qquad （3-45）$$

其中，$W（c_i, pc）$ 和 $W（c_i, 0）$ 分别为其余准则调整后和调整前的权重。所以，调整第 m 个准则，会导致其余准则权重的相应变化，从而生成新的空间分布图，以此量化并判断准则权重变化对空间决策结果影响的大小。以上步骤如图 3-17 所示。

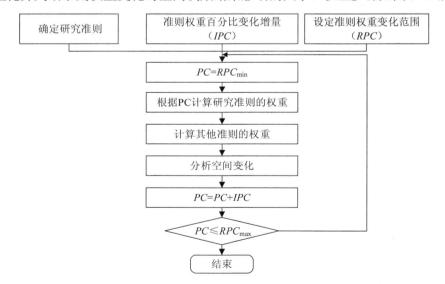

图 3-17　准则权重敏感性分析算法流程

（2）矩阵敏感性分析法

前一种方法无法清楚观察到，究竟 AHP 配对比较矩阵中的分值有多大变化，才能对权重以及最终的决策结果产生影响。因此，本方法尝试通过调整配对比较矩阵中的准则比较分数的方法，来了解相应的变化，分析权重敏感性。具体步骤如下：

第一步，在配对比较矩阵中确定一个待研究对象，即两个准则相比得出的基准配对比较分值（Base Element Value，Base_EV）。通过详细指定比较分数在矩阵中所在的行（Criteria on Row，COR）和列（Criteria on Column，COC），来确定具体研究对象（Chen et al.，2013）。如表 3-9 所示，若确定准则 3 和准则 4 分别为研究对象的行和列，则研究对象（比较分值）为 1/5。

表 3-9　AHP 法配对比较矩阵范例

	准则 1	准则 2	准则 3	准则 4
准则 1	1	3	2	4
准则 2	1/3	1	2	3
准则 3	1/2	1/2	1	1/5
准则 4	1/4	1/3	5	1

第二步，给配对比较分数设定一个变化范围[CREV（Base_EV，R）]，用于调整配对比较矩阵中的比较分值。分数变化范围由两个参数来确定，第一个是一套由索引标记的比较分值（Intensity of Importance，IOI），第二个是用户定义的变化半径（R），它确定为了分析一个比较分值的敏感性，在表 3-10 中有多少个索引标记的比较分值接受检验，具体如式（3-46）所示：

表 3-10　配对比较分值与索引间的对应关系

索引	比较分值	索引	比较分值
0	1/9	9	2
1	1/8	10	3
2	1/7	11	4
3	1/6	12	5
4	1/5	13	6
5	1/4	14	7
6	1/3	15	8
7	1/2	16	9
8	1	—	—

$$CREV(Base\_EV, R) = \left\{ IOI(i) \mid Index_B - R \leqslant i \leqslant Index_B + R, 0 \leqslant i \leqslant 16 \right\}$$

（3-46）

其中，IOI（i）为表 3-10 中索引标记的配对比较分值；$Index_B$ 为 Base_EV 对应的索引值；R 是一个定义筛选上下限的参数，在[0,16]之间取值。决策者的置信水平越高，则 R 值越小，以此可以减少一些不必要的分析。由此可见，式（3-46）的作用主要在于，如果决策者对配对比较分值不太确定，其可以在一定范围内[CREV（Base_EV，R）]调整分值，通过多次模拟来进行敏感性分析。

第三步，敏感性分析后生成的新的配对比较分值，存储在内部变量 CEV 中，在 CREV（Base_EV，R）的范围里，它随 IOI（i）的变化而变化。每生成一个新的 CEV 值时，所有准则权重和 CR 都将被重新计算，并进行 CR 检验。如果 CR 检验通过，将会生成空间决策成果图，否则，模拟生成的配对比较矩阵将会被标记为不合格，不会有敏感性分析结果生成。按照式（3-46），分析过程将会继续，直到整个变化范围都运行完。

在配对比较矩阵中，同一对准则的配对比较分值有互为倒数的特点，若一个比较分值发生变化，则其对称位置上的分值用新分值的倒数来代替。因此，对于每一对准则来说，敏感性分析运行的次数主要与取值范围内的配对比较分值的数量有关，即

$$Runs = Count(IOI), IOI \in \text{CREV(Base\_EV, } R) \tag{3-47}$$

其中，$Count$（IOI）为取值范围内的配对比较分值的数量（Chen et al.，2013）。这样一来，所有准则的总的运行数量为

$$TotalRuns = \sum_{i=1}^{n} Runs_i, \quad n = C_N^2 \tag{3-48}$$

其中，n 表示在敏感性分析中研究对象的数量，$n = C_N^2$；$Runs_i$ 表示式（3-47）中的一对准则敏感性分析运行的数量；N 是准则的总数。

第四步，如果以上运行结束，则会生成相关的成果图和统计信息，可用于评估配对比较矩阵中相应配对比较分值的敏感性以及对最终决策结果的影响。以上步骤如图 3-18 所示。

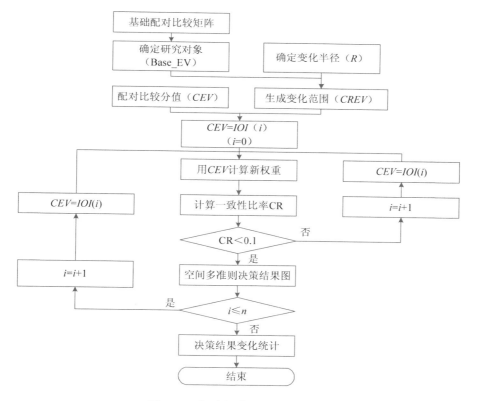

图 3-18 矩阵敏感性分析算法流程

3.3.5 模拟退火算法

3.3.5.1 简介

20 世纪以来，随着科学技术的迅猛发展，人们在生产实践中不得不面对许多较为复杂的多目标空间决策和资源分配问题，如规划选址、土地资源分配等。解决这类问题，通常采用两类方法：精确算法（Exact Algorithm）和启发式算法（Heuristic Algorithm）。其中，精确算法包括线性规划、0-1 整数规划等方法；启发式算法可进一步细分为模拟退火算法（Simulated Annealing Algorithm）、登山算法（Hill Climbing Algorithm）、遗传算法（Genetic Algorithm）、禁忌算法（Tabu Search）、人工神经网络（Artificial Neural Networks）、贪心启发式算法（Greedy Heuristic）、稀有启发式算法（Rarity Heuristic）和不可替换度启发式算法（Irreplaceability Heuristic）（王新生和姜友华，2004；张昆等，2010），见表 3-11。

表 3-11 常见的精确算法和启发式算法

类别	算法
精确算法	线性规划法、0-1 整数规划法
启发式算法	模拟退火算法、登山算法、遗传算法、禁忌算法、人工神经网络、贪心启发式算法、稀有启发式算法、不可替换度启发式算法

空间决策问题的复杂性通常表现为多目标、多属性和多限制条件的特点，从而导致计算量呈"爆炸式"增长，传统的精确算法通常难以求得最优解。因此，对于此类问题，一般采用启发式算法，通过计算机求得近似最优解，来实现决策优化。

模拟退火算法是启发式算法的一种，它的运算速度和表现均优于登山算法等其他启发式算法（Liu et al.，2006）。其原理是模拟金属退火过程中，由于温度 T 的逐渐降低，物质颗粒从无序高能运动状态逐渐过渡到有序低能运动状态，直至最终凝固静止下来（内能 E 为最小）。可见，该算法的关键问题是如何控制冷却

过程的重要参数 T，从而使物质颗粒达到一种有序分布的理想状态，即优化的 E 值（Kirkpatrick et al.，1983；陈伯望等，2004；邓军等，2007；刘莉等，2011）。与传统精确算法相比，模拟退火算法的特点在于，它是一种随机算法，追求全局而非局部的近似最优解，要求全局结果与设定目标值之间的差距为最小，允许局部结果与设定目标值之间存在差距（张昆等，2010；刘耀林等，2012）。

3.3.5.2 模拟退火算法的基本思想

作为一种随机迭代寻优方法，模拟退火算法将内能 E 模拟为目标函数值 f，温度 T 模拟为控制参数 t。算法的基本思想是：在算法迭代的开始阶段，搜索过程的随机性很大，除接受优化解 i 外，还以 t 来控制的概率接受恶化解。以一定概率接受恶化解，目的是避免获得局部优化解后，迭代运算停止，从而失去获得整体优化解的机会。当算法迭代一定次数后（称为一个 Markov 链长度），进入下一阶段迭代，这时算法接受恶化解的概率要较前阶段低一点，充分迭代后又进入下一迭代过程，接受恶化解的概率又要小一点，如此不断迭代，直到达到某个停止规则时算法终止（最后阶段不接受恶化解）。这是基于蒙特卡洛迭代求解法的一种启发式随机搜索过程，得到的解只是问题的一个近似优化解，但无法保证它一定是最优解（王新生和姜友华，2004；陈伯望等，2004）。

Metropolis 等于 1953 年应用蒙特卡洛技术模拟了金属固体的退火过程，得出 Metropolis 准则，即对于目标函数 f 取最小值的问题，模拟退火算法接受新解 T' 的概率为

$$P(T \to T') = \begin{cases} 1, f(T') < f(T) \\ \exp\left[-\dfrac{f(T')-f(T)}{kT}\right], f(T') \geqslant f(T) \end{cases} \qquad (3\text{-}49)$$

k 为 Boltzmann 常数，若 $f(T') < f(T)$，则接受 $f(T')$ 为新的目标函数值；否则，若概率 $\exp\left[-\dfrac{f(T')-f(T)}{kT}\right]$ 大于 $[0,1]$ 区间的随机数，则仍接受 $f(T')$；若不成立，则保留 $f(T')$ 为当前目标函数值。可见，模拟退火算法的实质是通过控

制参数控制每一个取值时，采用 Metropolis 准则，搜索近似最优解。

因此，整个模拟退火过程接受近似最优解的概率，即金属粒子在温度 T 时趋于平衡的概率 e 为

$$e = \Delta E / (kT) \qquad (3-50)$$

其中，ΔE 为内能变化量。

3.3.5.3　模拟退火算法的方法步骤

综上所述，模拟退火算法的具体步骤如下：

（1）设置初始温度 T、终止温度 T' 和控制参数函数 $g(T)$，其中 T 应充分大，设置循环计数器 k 的初值为 1。

（2）产生一个随机初始状态 i，并相应计算出对应的目标函数值 $f(i)$。

（3）令 $T_k = g(T_{k-1})$，设定循环步长值 L_k，内循环计数器赋初值 $m=1$。

（4）随机扰动下，由初始状态 i 变化到新状态 j，相应的目标函数值变为 $f(j)$，此时状态 i 与状态 j 的目标函数差值为 $\Delta f = f(j) - f(i)$。

（5）根据式（3-49）表示的 Metropolis 准则来判定是否接受新状态 j。若 $\Delta f < 0$，接受 j 为新状态；若 $\Delta f \geqslant 0$，则需要根据式（3-49）的第（2）项来做进一步的概率判定。

（6）若 $m < L_k$，责令 $m=m+1$，并返回步骤（4）开始新循环。

（7）若 $T_k > T'$，则 $k=k+1$，返回步骤（3）开始新循环；若 $T_k \leqslant T'$，则停止循环，整个运算过程结束。

可见，整个模拟退火运算过程中，分别经历了内外两次循环过程。内循环是利用 Metropolis 准则，在控制参数 T_k 附近寻找局部最优解，并作为下一次内循环的起点；外循环则直接控制 T_k 更新，以上一次内循环的局部最优解为起点，开始新一轮内循环，如此反复，直至找到近似最优解（洪晓峰，2011）。此外，以上 T、T'、T_k、$g(T)$、K 和 L_k 等控制模拟退火过程的参数，统称为冷却进度表（Cooling Schedule）。整个模拟退火算法流程如图 3-19 所示。

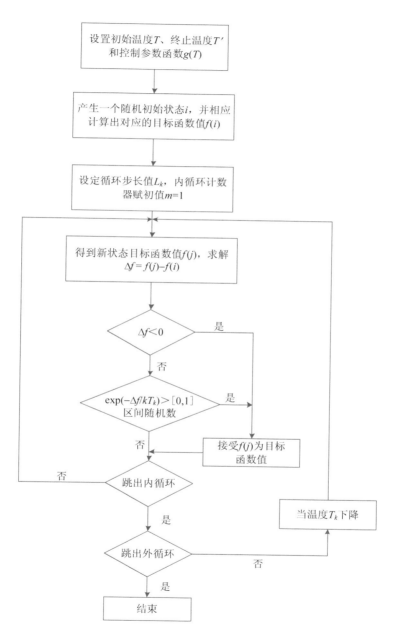

图 3-19 模拟退火算法流程

3.3.6　选择实验模型

3.3.6.1　简介

随着环境形势的日益严峻，水、空气、森林等环境物品已变得日益稀缺，因此，研究如何有效开展保护和恢复工作，以合理配置环境物品，是制定环境政策的主要目标。但是，由于环境物品自身的外部特性，无法建立一个完善的买卖市场去核算其市场价值，这给环境政策制定带来了极大的困难。为此，西方学者开发出一系列非市场环境物品价值的计算方法，其中包括揭示偏好法（Revealed Preference methods，RP）和陈述偏好法（State Preference methods，SP）（Adamowicz et al.，1998）。

选择实验法是陈述偏好法的一种，它让受访者置身于一个虚拟的决策环境中，对若干选项进行比较后做出选择，每个选项由不同水平或取值的属性构成，其中必定包含一个价格选项，以此来揭示影响人们做出选择的因素。相对于揭示偏好法（如旅行成本法），以及其他陈述偏好法[如条件价值评估法（CVM）]，选择实验法具有兴趣行为的可观测性和可以估计环境物品的个体属性价值等多种优点（Adamowicz et al.，1998；Hanley et al.，1998）。目前，选择实验法已在生态系统服务价值评估（徐中民等，2003）、森林经营方案制定（Hanley et al.，1998）、生物多样性保护（Morrison et al.，2002）和自然灾害评估（Adamowicz et al.，1998）等领域有广泛应用。特别是近年来，选择实验法也被国内外学者应用于退耕还林（翟国梁等，2007；Grosjean & Kontoleon，2009；Mullan & Kontoleon，2012）、集体林权制度改革（Qin et al.，2009；Siikamäki et al.，2015）和"稻改旱"（李皓等，2017）等项目中的农户参与意愿、项目可持续性等政策评价。

3.3.6.2　模型设定

根据 Lancaster 的消费者理论和随机效用理论，在一个选择集 C 中，带有较高效用的选项 j 被个体 i 选中的概率为

$$P_{ij} = P_{ij}(U_{ij} > U_{ia}) = P_{ij}(V_{ij} + \varepsilon_{ij} > V_{ia} + \varepsilon_{ia}) = P_{ij}(\varepsilon_{ij} - \varepsilon_{ia} > V_{ia} - V_{ij})(j, \ a = 1, \ 2, \ 3, \cdots, J)$$

$$(3\text{-}51)$$

其中，U_{ij}、U_{ia} 表示不同选项的真实、完整效用；V_{ij}、V_{ia} 表示系统、可观测效用；而 ε_{ij}、ε_{ia} 表示随机误差。其中 $j \neq a$ 并且 j，$a \in C$。这里假设 ε 服从 Gumbel 分布，并且各个选项满足不相关替代的独立性假设（Independence from Irrelevant Alternatives，IIA）（Hanley et al.，1998），那么，式（3-51）中的随机误差项之差则服从 Logistic 分布。所以，式（3-51）中的选择概率可采用条件 Logit 或多项选择 Logit 模型估计。

$$P_{ij} = \frac{e^{\mu V_{ij}}}{\sum\limits_{j=1}^{J} e^{\mu V_{ia}}} = \frac{e^{\mu \beta X_{ij}}}{\sum\limits_{j=1}^{J} e^{\mu \beta X_{ia}}}$$

$$(3\text{-}52)$$

其中，$V_{ij} = \beta X_{ij}$，X_{ij} 是选择属性向量，β 是待估计向量，μ 是尺度参数，通常取 1（Adamowicz et al.，1998；Hanley et al.，1998）。采用极大似然法对 β 进行估计，构建的极大似然函数形式如下：

$$\ln L = \sum_{i=1}^{n} \sum_{j=1}^{J} d_{ij} \ln P_{ij}$$

$$(3\text{-}53)$$

当个体 i 选中选项 j 时，$d_{ij} = 1$；否则，$d_{ij} = 0$。此外，对 U_{ij} 的估计可转化为如下经验模型，其中，Atr_n 表示不同的选择属性：

$$U_{ij} = \beta_0 + \beta_1 \text{Atr}_{1ij} + \beta_2 \text{Atr}_{2ij} + \cdots + \beta_n \text{Atr}_{nij} + \varepsilon_{ij}$$

$$(3\text{-}54)$$

边际接受意愿（Marginal Willingness to Accept，MWTA），也叫隐含价格，它是对非价格选择属性单位变化价值（边际价值）的点估计（Morrison et al.，2002）。由此可以得出，MWTA 实际上也代表了价格属性对其他属性的边际替代率（Marginal Rate of Substitution，MRS）。如式（3-55）所示：

$$MWTA = \frac{\Delta Atr_p}{\Delta Atr_n} = -\frac{ME_n}{ME_p} = -\frac{\dfrac{\partial V_{ij}}{\partial Atr_n}}{\dfrac{\partial V_{ij}}{\partial Atr_p}} \qquad (3\text{-}55)$$

其中，Atr_p 和 Atr_n 分别为价格和其他属性，ME_p 和 ME_n 分别为价格和其他属性的边际效益。在此基础上，可以得到不同效用水平上的总接受意愿：

$$TWTA = -\frac{(V_0 - V_1)}{\beta_p} \qquad (3\text{-}56)$$

式（3-56）表示从现状效用 V_0 水平变化到选择后的效用 V_1 水平的总接受意愿，β_p 为价格属性的估计参数。本研究采用多项选择 Logit 模型（Multi-nominal Logit，MNL）进行估计，所有计算均在统计分析软件 Stata 13.1 下完成。

4 基于贝叶斯网络模型的森林景观退化风险评价

风险和不确定性通常会导致生态系统退化和人类福祉受损，它们固定存在于各类干扰之中[Millennium Ecosystem Assessment（MA），2003；Xu et al.，2004；Hope，2006；Baird et al.，2008]。在这里，干扰代表了各种不同的影响生态系统、服务以及人类福祉的驱动力，具体包括自然干扰（如洪水、野火、水土流失和干旱等）和人为干扰（如农业生产、城镇化和工业化进程等）。这样一来，生态风险评估（Ecological Risk Assessment）对于制定相应的管理策略和应对措施，就显得格外重要。生态风险评估就是评估自然或人类干扰对生态系统服务产生可能影响的过程（MA，2003）。生态风险评估首先为我们提供了一套先进的工具或指南，用于评估、比较自然和人为干扰的环境影响（Chen et al.，2015；Dale et al.，2012；USEPA，1992，1998）；其次，生态风险评估能够帮助决策者有效平衡风险和效益；最后，生态风险评估能够提供替代管理措施，以确保生态系统服务提供和改善居民生计状况（Baird et al.，2008；Hope，2006；Landis & Wiegers，2005）。

在过去几十年间，生态风险评估研究已经得到了越来越多的关注（USEPA，1992，1998；Xu et al.，2004；Landis & Wiegers，2005；Baird et al.，2008）。根据不同的研究目标，生态风险评估按地理尺度可以划分为国家、地区和本地三个级别（USEPA，1998）。其中，地区级和本地级评估较之国家级评估更为复杂，因为必须要考虑风险受体、风险源、不确定性和空间异质性等诸多因素（Xu et al.，

2004）。时至今日，各国学者已经开展了一系列地区级生态风险评估，内容涵盖湿地保护（Xu et al.，2004）、自然资源管理（Ayre & Landis，2012；Landis & Wiegers，2005；McCann et al.，2006；Pollino et al.，2007）、自然灾害预报（Chen et al.，2015；Dale et al.，2012；Liu et al.，2017）和生物多样性保护（Borsuk et al.，2006；Marcot et al.，2006；Nyberg et al.，2006）。

生态风险评估研究中，贝叶斯统计理论被广泛地用于解释风险概率，在这里风险概率被表示为风险发生置信水平的一种度量（Liu et al.，2017）。与传统频率统计学相比，贝叶斯统计学将概率理解为结果的可信度，而非出现频率（Nuzzo，2014）。这样一来，这种统计理论能够显著地减少一个评估模型的不确定性，而这种不确定性由缺少相关知识或信息（评估数据）所导致（MA，2003，2005；Liu et al.，2017）。值得注意的是，生态风险评估也是一个迭代过程（USEPA，1992，1998）。因此，当模型数据得到进一步更新或挖掘时，能够采用贝叶斯统计方法对各种生态风险进行重新评估，以告知决策者用于制定替代管理措施（Ayre & Landis，2012；Nyberg et al.，2006）。

森林景观退化（Forest Landscape Degradation，FLD）是指有关生态系统服务（如碳汇、水源涵养、水质净化）丧失和当地社区福利下降（Ianni & Geneletti，2010）。由于森林景观退化通常由各种自然和人为干扰所导致，因此，生态风险评估是一种有效适用的风险评估方法。更重要的是，森林景观恢复是一种在采伐或退化森林景观上重获生态功能并改善人类福祉的长期过程（Rietbergen-McCracken et al.，2006）。在实际工作中，由于森林景观单元的异质性以及不同利益相关方的兴趣差别，大规模的均一恢复不但不必要，在景观尺度上也是不可行的（Orsi & Geneletti，2010）。因此，借助生态风险评估结果，决策者能够较为容易地定位不同级别风险区，并有针对性地规划今后的恢复活动，以消除森林景观退化风险。

为了维持改善密云水库流域生态系统服务功能，遏制森林景观退化，自2000年起，中央和北京市政府先后启动了多个森林景观恢复项目。其中，京津风沙源项目是为了建设结构稳定的森林景观来维持各种生态系统服务供给，同时确保当地社会经济发展和居民生计改善（严恩萍等，2014；Shi et al.，2014）。

　　本章采用贝叶斯网络模型方法来定量评估密云水库流域在京津风沙源一期项目实施后的森林景观退化风险。首先，根据这一时期（1998—2013 年）各种自然和人为干扰所产生的土地利用变化分类，构建了一个贝叶斯网络模型结构，包括分层的评估指标（节点）、评估指标间的因果关系（连接）和先验概率知识；其次，利用流域所有土地利用变化数据作为培训数据，对模型进行参数化，即参数学习；最后，采用具体的立地指标数据，本书可以推理出所有土地利用单元的森林景观退化风险的条件概率。由此可以获得整个密云水库流域完整、客观的森林景观退化风险状况，供今后森林景观恢复规划决策参考。

4.1　贝叶斯网络模型

4.1.1　模型介绍

　　贝叶斯网络模型（Bayesian Network model）是一种贝叶斯统计方法，它能够分层和图形化地描绘有关生态过程兴趣变量（节点）间复杂的因果关系（Ayre & Landis，2012；Marcot et al.，2006）。一个贝叶斯网络模型通常由有向无环图和条件概率表构成。有向无环图（Directed Acyclic Graph，DAG）包括代表变量的节点和描绘变量间相关关系的连接（McCann et al.，2006）；条件概率表则被用于描述每一个子节点在母节点下的条件概率（Pollino et al.，2007）。在得到更新数据的条件下，能够计算出兴趣变量的后验概率。目前，贝叶斯网络模型已经成为一个强大的统计工具，用于生态系统和自然资源管理，来描绘并预测生态系统或景观对外界干扰的响应（Marcot et al.，2006；McCann et al.，2006）。

4.1.2 模型构建

构建一个贝叶斯网络共需要如下五步。

4.1.2.1 概念框架

由于多种干扰同时发生的复杂性，本书需要一个合理的概念框架。根据 Landis 和 Wiegers（2005）提出的相对风险模型（Relative Risk Model），本书提出如下概念框架（图 4-1）来说明干扰、生境和影响之间的关系。

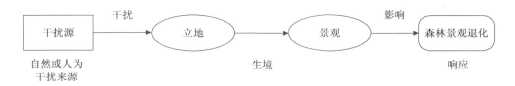

图 4-1　森林景观退化风险的概念模型

干扰源指各种自然或人为干扰，生境指干扰发生和受体存在的位置或区域，响应则揭示了所有影响在末端的汇总。本概念框架提出贝叶斯网络模型三要素——干扰源、生境和响应之间的因果依赖关系。干扰源通常会干扰生境，进而导致在不同空间尺度间变化的生态影响（Wu & Hobbs，2007）。本书中立地尺度上表现为森林破坏或退化，汇集到景观尺度则表现为森林景观退化和生态系统服务功能下降。另外，从空间角度来看，针对生态影响所产生的风险，本概念框架假设环境干扰与生境的位置间必定存在重叠（Ayre & Landis，2012）。因此，本概念框架清晰地描绘了不同要素间的因果关系和空间关系。

这样一来，复杂、随机和不确定的森林景观退化风险就与外部干扰联系起来，而外部干扰是可以通过一定指标来评估的。根据此概念模型进一步延伸，实际情况要远比概念模型复杂，干扰、生境和响应要素可能分别包含多种不同类型，不同类型要素间会有特定联系，可能是一对多或多对一的关系，从而形成一个较为复杂的网络结构。综上所述，干扰和响应要素间的因果联系以及不同要素间的网络复杂性，表明贝叶斯网络方法对本书的适用性。

4.1.2.2 模型结构

根据上文提到的概念框架，本书的贝叶斯网络模型结构包括三层节点：立地指标、外部干扰和森林景观退化结果。立地指标用来评估不同外部干扰的起源和概率；外部干扰则表明对生境的生态影响，最终这些外部干扰汇总为森林景观退化结果。

对于外部干扰，受经济利益或其他自然力驱动的土地利用变化对密云水库流域生态系统及其服务有直接和重要的影响。在本书中，与森林景观退化有关的土地利用变化包含三种类型：建设（BU）、农业（CR）和其他干扰（OT）。建设干扰和农业干扰表明森林景观分别转化为城镇景观和农业景观；其他干扰则表明受除建设和农业干扰外的其他人为和自然影响，林地退化为灌木或非林地的过程。此外，考虑到尽管没有发生土地利用变化，但依然有生态系统服务退化丧失的情况，本书选择区域内最普遍的一种自然灾害——水土流失（SE），作为一种干扰类型。具体见表 4-1。

表 4-1 森林景观外部干扰类型

干扰类型	干扰前	干扰后
BU	有林地、灌木林地、疏林地、其他林地	城镇用地、农村居民点、其他建设用地
CR	有林地、灌木林地、疏林地、其他林地	水田、旱田
OT	有林地	灌木林地、疏林地、其他林地
	有林地、灌木林地、疏林地、其他林地	草地、滩地、沙地、裸土地、裸岩石砾地
SE	——	——

注：BU——建设干扰；CR——农业干扰；OT——其他干扰；SE——水土流失。

森林景观的服务功能受生态和社会经济因素的共同影响（Rietbergen-McCracken et al.，2006）。根据有关研究成果，本书确定了 6 个立地评估指标：坡度（SG）、到地表水距离（P2W）、到公路距离（D2R）、到村庄距离（D2V）、到乡镇距离（D2T）和到县城距离（D2C）。其中，坡度反映出自然或人为干扰退化的可能，坡度越大，则建设、农业等人为干扰越小，但是水土流失干扰的可能性在变大（Rosa et al.，2000）；地块到河流距离体现了灌溉条件，表明农业干扰的可能，距离越近，农业干扰越大，反之则越小（Valente & Vettorazzi，2008）；到公路、乡镇和县城的距离反映了建设干扰的影响，距离越近，建设干扰越大，反之则越小（Chen et al.，2001；Gutzwiller & Barrow，2003；Geneletti，2004；Valente & Vettorazzi，2008；余新晓等，2010）；到村庄距离反映了农业和其他人为干扰（如放牧、砍柴等活动）的影响，距离越近，干扰越大，反之则越小（Orsi & Geneletti，2010）。

4.1.2.3 参数学习

首先，将所有变量离散化为多个不同水平，以获得所需的先验概率信息。森林景观退化结果和除水土流失以外的外部干扰变量被分为是（2）和否（1）两个水平。按照表 4-1 的标准，根据京津风沙源项目实施前后（1998—2013 年）的土地利用变化情况，能够获得所有土地利用单元受到外部干扰的信息。根据当地水务局的水土流失调查数据，水土流失按发生强度划分为四个水平：无或弱（1）、中（2）、强（3）和极强（4），本书设定森林景观退化发生在中等及以上强度的水土流失中。对于各类立地指标，本书采用专家研讨咨询的方式来确定离散水平（McCann et al.，2006；Pollino et al.，2007）。最终，立地指标被离散化为 5 个水平，也就是极低（1）、低（2）、中等（3）、高（4）和极高（5），以满足离散水平最少和精度最高的要求（Marcot et al.，2006）。本书所有变量的离散化水平和代码见表 4-2。

表 4-2 贝叶斯网络模型变量的离散化结果

变量类型	变量名	水平代码				
		1	2	3	4	5
立地指标	SG/°	0~2	2~6	6~15	15~25	>25
	P2W/km	0~0.1	0.1~0.5	0.5~1	1~2	>2
	D2R/km	0~0.5	0.5~1	1~2.5	2.5~5	>5
	D2V/km	0~0.5	0.5~1	1~2	2~3	>3
	D2T/km	0~2	2~4	4~6	6~8	>8
	D2C/km	0~15	15~20	20~30	30~40	>40
外部干扰	SE	无或弱	中	强	极强	—
	BU	否	是	—	—	—
	CR	否	是	—	—	—
	OT	否	是	—	—	—
森林景观退化	FLD	否	是	—	—	—

注：SG——坡度；P2W——到地表水距离；D2R——到公路距离；D2V——到村庄距离；D2T——到乡镇距离；D2C——到县城距离；BU——建设干扰；CR——农业干扰；OT——其他干扰；SE——水土流失；FLD——森林景观退化。

其次，以 1998 年和 2013 年两期的密云水库流域土地利用空间数据库为基础。在掌握前后土地利用变化的基础上，采用 ArcGIS 10.2 空间分析工具的分区统计功能，可以提取到流域各个地块的平均坡度信息；采用 ArcGIS 10.2 分析工具的近邻分析功能，可以提取到各个地块的河流、公路、村庄、乡镇和县城的距离信息。生成的所有变量栅格专题图，如图 4-2 所示。

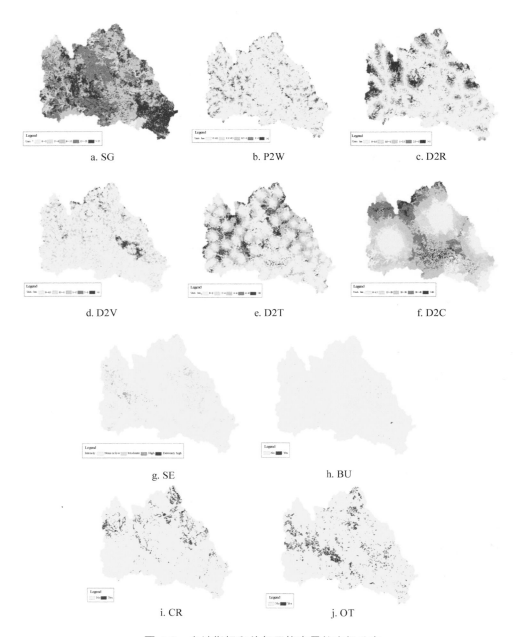

图 4-2　立地指标和外部干扰变量的空间分布

最后，通过计算所有不同水平的子节点，利用相应不同水平母节点下的后验条件概率来完成参数学习（Marcot et al.，2006）。具体来说，参数学习采用最大似然估计法，以全部立地指标和外部干扰数据为培训数据，来定量估计贝叶斯网络模型（Murphy，2007）。参数学习的结果定量反映了当前密云水库流域森林景观退化的总体发生状况以及目标变量（森林景观退化）和其他变量间的相互关系。

4.1.2.4　概率推理

根据参数学习的结果，贝叶斯网络模型使用变量的联合概率分布，来推理目标变量在给定立地指标条件下的联合概率分布。这样一来，研究人员能够清楚地了解到当前流域面临的森林景观退化风险以及今后森林景观退化的变化趋势。由于联合概率分布的多元复杂性，可具体采用变量消元法（Variable Elimination Method）计算（张连文和郭海鹏，2006）。最终，本书将所有土地单元的风险概率值按区间划分为高、中、低三级，在 ArcGIS 10.2 软件中勾绘出森林景观退化风险的空间分布情况。以上参数学习和概率推理通过 Matlab BNT 工具箱编程完成（Murphy，2007）。

为了进一步研究京津风沙源工程对森林景观退化的影响，本书通过区分这一时期的土地利用动态变化，进一步将森林景观退化划分为两种类型：与森林景观恢复无关的退化（NFLRD）和与森林景观恢复有关的退化（FLRD）。具体来说，FLRD 表示森林景观退化与京津风沙源项目实施有关。尽管该项目已经将灌木和非林地恢复为林地（灌木林地），但是在这些土地上，森林景观退化依然有较大的发生概率。与之相反，NFLRD 则代表了在没有森林景观恢复项目条件下的高退化风险，此时的土地利用保持不变，或者在各种人为和自然干扰下发生退化（如林地退化为灌木或非林地）。

4.1.2.5　敏感性分析

敏感性分析能够测量输入变量对目标变量影响的大小以及进一步确定贝叶斯网络模型不确定性的来源（Ayre & Landis，2012）。信息熵代表对系统混乱程度的度量（Liu et al.，2017）。本书采用熵减的概念来量化输入变量对目标变量的敏感性。熵减值越大，敏感性（影响程度）也就越大（Marcot，2006）。敏感性分析采用 Netica 贝叶斯网络分析软件（Norsys Software Corp.）完成。

综上所述，构建贝叶斯网络模型的具体流程如图 4-3 所示。

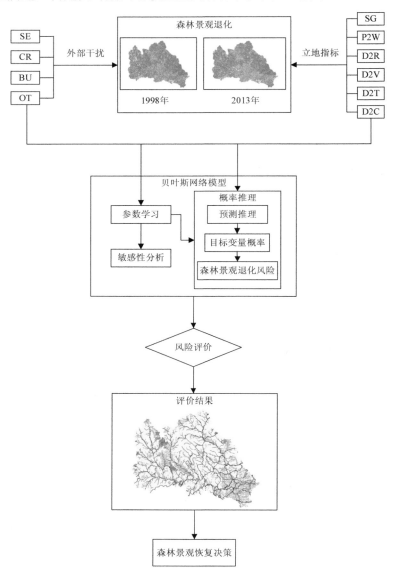

图 4-3　森林景观退化风险的贝叶斯网络模型构建流程

4.2 结果分析

4.2.1 模型结构

根据前文提到的变量名及其相互之间的关系，本书采用 Matlab BNT 工具箱的 mk_bnet 命令编程建立贝叶斯网络模型，如图 4-4 所示。

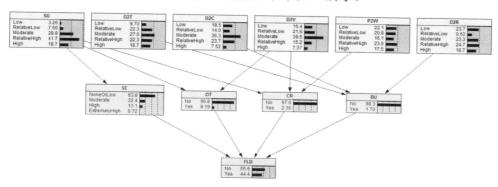

图 4-4　贝叶斯网络模型结构和参数学习结果

4.2.2 参数学习

采用 Matlab BNT 工具箱的 learn_params 命令，可得到参数学习结果，如图 4-4 所示。通过图中不同节点间的条件概率表（CPT），可以了解到密云水库流域 1998—2013 年森林景观退化情况。可以看出，这期间 44.4% 的土地都发生了森林景观退化，表明退化的严重性不容小视。从导致森林景观退化的干扰源来看，水土流失的发生概率最大，占 36.22%；其次为其他原因干扰，占 9.2%；最后为农业占用和建设占用，分别为 2.4% 和 1.7%。

总体说来，由于近年来实行较为严格的土地利用和保护政策，密云水库流域内的农业和建设占用退化现象得到了有效控制，整体呈较低的发生率（Peisert &

Sternfeld, 2005）。但是水土流失风险较大，超过 1/3 的流域土地都面临着中度以上的水土流失风险，这反映出尽管京津风沙源项目已经在该时期内显著增加了森林数量，但是流域土壤保持服务依然在退化中，这与 Zheng 等（2016）的研究结论一致。此外，其他自然和人为原因所导致的其他干扰已经成为流域森林景观退化的另一个主要驱动力。

4.2.3 概率推理

在上述参数学习的基础上，采用 Matlab BNT 工具箱中的 jtree_inf_engine 推理引擎命令，进行编程循环计算。按照前面设定的离散化的森林景观退化指标，将 2013 年密云水库流域土地利用空间数据作为证据输入进行正向推理，可以得到流域所有地块的森林景观退化风险目标变量的概率。计算结果表明，流域地块的退化风险概率位于 [0.316 5，0.515 9]。按照低风险（0.316 5≤P<0.4）、中风险（0.4≤P<0.5）和高风险（0.5≤P≤0.515 9）的分级标准，最终得到密云水库流域森林景观退化风险预测的整体空间分布，如图 4-5 所示。

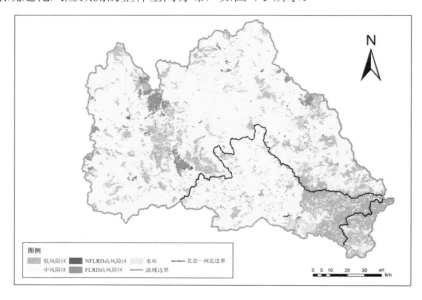

图 4-5 密云水库流域森林景观退化风险空间分布

概率推理结果同样表明了密云水库流域今后森林景观退化的严峻性，即流域总体退化风险保持在中高水平。本书进一步对三级风险区立地指标平均值比较后发现，较之中低风险区，高风险区大多分布在缓坡且远离公路、乡镇、村庄和河流的偏远区域（表 4-3）。这种空间分布格局表明，各种人为干扰对森林景观退化有一定影响。

表 4-3　各级风险区的立地指标比较

立地指标	风险等级		
	低	中	高
SG/°	44	22	22
P2W/km	1.04	0.98	1.37
D2R/km	2.32	2.82	4.86
D2V/km	1.28	1.43	2.79
D2T/km	5.20	5.51	7.60
D2C/km	24.8	24.8	25.9

由于密云水库流域水源保护政策的实施，村庄周边区域已经受到严格的管理和保护，因此，当地农户不得不把他们的传统生计活动（如砍柴、放牧和采草药）迁移到更为偏远的地方。这样一来，他们选择在易到达区（缓坡区）实施这些活动，必然会对森林资源造成破坏，从而产生较高的森林景观退化风险，这点已在实地调查中得到验证。

在风险区的空间分布方面，研究发现，绝大多数退化高风险区位于上游河北省境内，这主要是由地区间的发展差距所导致。在上游地区，由于非农收入来源较为有限，当地农户更加依赖森林这类自然资源（Li et al.，2018）。因此，今后森林景观恢复工作的重点应该放在上游河北省地区。

本书以高风险区为例，进一步分析了森林景观退化与恢复活动（京津风沙源项目）之间的关系。从 NFLRD 与 FLRD 的空间分布（图 4-5）可以看出，与森林景观恢复有关的退化（FLRD）占了高风险区的绝大部分，这表明京津风沙源项目还未将流域森林景观恢复到最佳状态。所以，在今后的京津风沙源二期项目中，应考虑改进项目活动，以满足流域森林景观可持续提供生态系统服务和改善当地社区生计的需要。

4.2.4 敏感性分析

所有输入变量的敏感性分析结果见表4-4。

表4-4 输入变量的敏感性分析结果

立地指标	信息熵减少	外部干扰	信息熵减少
SG	0.003 3	SE	0.629 4
P2W	0.000 1	BU	0.014 3
D2R	0.000 02	CR	0.021 1
D2V	0.000 2	OT	0.102 7
D2T	0.000 02	—	—
D2C	0.000 02	—	—

对于立地指标来说，"坡度"变量的敏感度达到0.003 3，远高于其余解释变量，这表明"坡度"已成为导致密云水库流域森林景观退化的最重要的一个立地指标，应在今后的森林景观恢复规划工作中认真加以考虑。在其余距离指标中，"到村庄距离"指标的敏感性（0.000 2）比其他指标高，表明传统的农村社区生计活动对森林景观退化有更为显著的影响，这也与密云水库流域以农业为主的经济结构和较低的城镇化水平相一致（余新晓等，2010）。此外，"到河流距离"指标的敏感性（0.000 1）较低，表明水资源难以成为导致森林景观退化的一个决定因素，这与近年来密云水库流域限制发展灌溉农业（Zheng et al.，2013）以及气候变化导致流域水资源稀缺有关（余新晓等，2013）。

外界干扰指标中，"水土流失"的敏感度为0.629 4，远高于其余三类干扰，表明水土流失已成为密云水库流域森林景观退化的最主要因素，应将水土流失治理作为今后流域森林景观恢复的一个优先领域。"其他干扰"指标对于目标变量的影响居第二位，敏感度为 0.102 7，表明除农业和建设活动外的各种自然和人为干扰对森林景观退化有更为显著的影响。除上面提到的社区生计活动外，笔者有理由相信，气候变化导致的土地退化已成为流域森林景观退化的另一个主要驱动力（Tao et al.，2005；余新晓等，2013）。"农业干扰"和"建设干扰"的敏感度较之前两者低很多，这不仅与它们当前较低的发生率一致，而且表明其对森林景观退化的影响较小。

4.3 小结

本书采用贝叶斯网络模型方法，评估密云水库流域的森林景观退化风险。研究设定"立地指标""外部干扰""森林景观退化"三层共 11 个评价指标，通过获取 1998—2013 年流域土地利用变化，评估当前森林景观退化的主要因素，预测今后森林景观退化的风险概率，并进一步分析了京津风沙源一期项目（1998—2013年）实施对流域森林景观退化的影响。初步得出研究结论如下：

模型参数学习的结果表明，当前流域森林景观退化总体上表现为较高发生率（44.4%）。由于中高强度的水土流失发生率达到 36.2%，所以水土流失主要导致森林景观退化。因此，应将水土流失治理作为今后京津风沙源二期项目的一个重点。另外，农业（2.4%）干扰和建设（1.7%）干扰的较低发生率主要与自 1998 年起密云水库流域实施较为严格的水源保护政策有关。可见，贝叶斯网络模型能够借助条件概率表，清楚地解释不同外界干扰对于森林景观退化的协同效果，即哪种干扰主要或次要地造成森林景观退化。

模型概率推理的结果表明，即使在京津风沙源一期项目实施后，密云水库流域的森林景观退化风险依然保持在中高水平，因此，迫切需要开展后续的森林景观恢复工作（如京津风沙源二期项目）加以治理。从退化风险的空间分布来看，绝大多数高风险区主要分布于上游河北省，特别是白河流域地区，这主要是地区间的经济发展差距所导致。因此，今后的流域森林景观恢复工作重心应放在上游河北省境内。

笔者发现，社区生计活动和气候变化是另外两个森林景观退化的主要因素。通过对不同退化风险区立地指标的比较得出，各种社区传统生计活动能够导致森林景观退化。与此同时，气候变化而导致的土地退化也在一定程度上造成流域森林景观退化。

最后，结合以上结论，本研究能够为今后京津风沙源二期项目提供一些策略建议和支持。根据对高风险区的分类（NFLRD 和 FLRD），研究发现由于多种复杂的干扰，一期项目并没有将流域森林景观恢复至最佳状态。因此，在今后的京津风沙源二期项目中，应考虑引进"以自然为本"（Nature-based Solutions）的技术理念。该理念由 IUCN 等国际组织提出，将维护和改善自然环境，并最大限度地发挥多种自然生态系统效益，作为一种应对复杂环境、社会和经济挑战的主要解决手段（Liquete et al.，2016；Nesshöver et al.，2017）。在该理念的指导下，近自然森林经营技术，作为一种有别于传统人工植被恢复措施的森林经营技术，应该被纳入京津风沙源二期项目活动中。该技术更多地依靠自然恢复，并加以适度的人工经营干预（如抚育、疏伐等）（王小平等，2008）。自 1997 年起，原北京市林业局（现北京市园林绿化局）围绕水源地保护主题，在密云水库流域组织实施了多个近自然森林经营技术推广项目，取得了较为满意的示范成果（王小平等，2008；余新晓等，2010）。

除此之外，今后应考虑建立一套综合的社区参与治理模式，来消除由社区生计活动带来的人为干扰影响（Jacobs et al.，2016；Gulsrud et al.，2017）。具体来说，首先应建立一套针对偏远项目区的科学有效的管理制度，通过积极动员当地农户参与项目管护，让他们能够切身受益；其次，为了能从根本上解决人为干扰破坏问题，还需要从改善当地社区生计入手。因此，结合京津风沙源二期项目实施，应考虑引入一些社区应对措施，来增强社区发展能力，包括社区能力建设、开发对环境友好的替代生计模式（如林下经济）等。

5 采用有序加权平均算法的森林景观恢复优先区划分

密云水库是北京唯一的地表饮用水水源，承担了极为重要的战略使命，因此，保护密云水库流域，提升其以水源涵养为核心的生态系统服务，已形成广泛的社会共识。但是，密云水库流域涵盖北京市和河北省的 12 个区（县），总人口近 200 万人（王彦阁，2010），其中绝大多数居住在深山中，常年以传统农业为生，生计来源较为单一，其生产和生活方式对该地区的生态系统服务影响巨大。

为了保护密云水库饮用水水源，需要在流域内开展森林植被恢复等保护活动，以恢复流域生态系统服务，然而，这样势必会影响当地农户的生产生活行为，影响他们的生计来源，造成当地社区贫困。在整个地区层面上表现为：上下游之间的利益冲突，即上游要发展，而下游要用水。由此可见，密云水库流域存在较为突出的保护与发展矛盾，密云水库流域保护实际上就是如何平衡保护与发展二者间关系的问题。

从生态系统服务角度来讲，这种矛盾就是不同类型的生态系统服务（如粮食供给与水质净化、碳汇与森林水源涵养量）之间的对立冲突，需要通过相互平衡取舍（Tradeoff）加以解决（Sahajananthan，1995；Goldstein et al.，2012；Zheng et al.，2016）。森林景观恢复技术理念兼顾恢复当地生态系统服务和改善社区生计水平，能够较好地适用于密云水库流域保护工作中。因此，密云水库流域保护问题就转化为流域森林景观恢复问题。

不同类型的生态系统服务的平衡取舍，需要通过决策加以明确（Zheng et al.，2016）。所谓森林景观恢复决策，无非是解决在哪里恢复以及如何恢复的问题。由于森林景观单元的异质性特征和不同利益相关方诉求的差异，导致无法也没必要在景观尺度上均一地开展恢复工作，因此，首先需要确定恢复优先区。

所谓恢复优先区，是指根据恢复目标的要求，基于各类评估准则，综合确定的具有较高恢复重要性和恢复潜力的区域（Valente & Vettorazzi，2008）。由于本研究需要同时考虑森林景观恢复和社区生计改善目标，因此，确定森林景观优先恢复区，既受自然生态因子（如林地面积、坡度、水源涵养能力等）的影响，也受社会经济因子（如人口密度、人均收入等）的影响。从系统工程学的角度来讲，这是一个典型的多准则决策问题，可以考虑采用有序加权平均法来确定优先恢复区，协助优化恢复决策。

本章基于系统工程理论，在综合考虑流域保护和社区生计改善需要的基础上，采用有序加权平均法，以子流域为划分单位，来确定密云水库流域子流域尺度上的森林景观优先恢复区，有效统筹协调该地区生态保护与经济发展之间的矛盾，为提升密云水库饮用水水源地保护决策的科学化水平提供更多思路和对策。

本研究具体按如下步骤开展：①确定评估指标/属性；②生成各属性专题图；③属性图层归一化处理；④ AHP 法确定准则权重；⑤ OWA 法确定次序权重；⑥有序加权平均计算（OWA）；⑦确定优先区；⑧制定 FLR 相关策略。如图 5-1 所示。

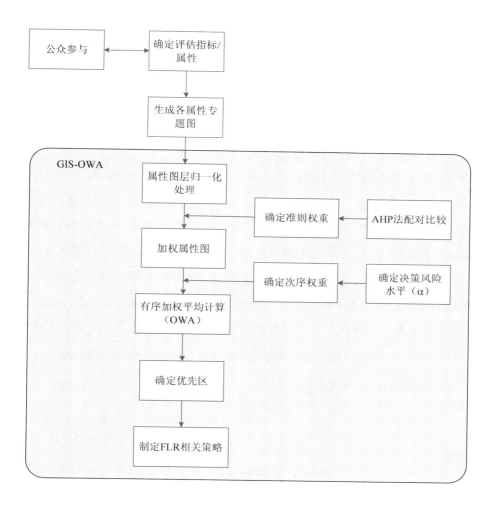

图 5-1　森林景观恢复优先区划技术路线

5.1　确定评估指标/属性

　　本书采用参与式方法确定研究所需的评估指标，即在征求与森林景观恢复这一技术问题有关的多名专家意见的基础上，确定评估指标（Malczewski et al.，

2003；Valente & Vettorazzi，2008；Eastman，2012）。研究人员邀请了 10 名来自北京林业大学、中国林业科学研究院、北京市园林绿化局、密云县林业局、丰宁县林业局和世界自然保护联盟的专家，他们多年来从事有关密云水库饮用水水源地保护的科研和管理工作，对该问题有较为深刻的认识和理解。他们分别来自科研单位、政府部门、基层生产单位和国际组织，具有广泛的社会代表性。同时，他们的专业背景涵盖森林经营、水土保持、森林水文、生态补偿、社会经济和项目管理等多个专业领域，有效避免了单一专业背景可能导致的误判。

研究人员于 2017 年 3 月以 E-mail 形式向受邀专家发送了调查问卷，FLR 备选评估指标集包括与流域保护和社区生计改善相关的两大类 24 个指标，要求受访者从该指标集中选择 12 个与本研究密切相关的评估指标。问卷具体内容包括：①研究背景和目标概述；② FLR 备选评估指标集（24 个）；③评估指标选择理由；④对选择的评估指标打分（1～10 分，1 表示最不重要，10 表示最重要，用于计算准则权重）。调查采用"背靠背"的方式进行，以免结论相互影响，丧失客观性。最终，对所有问卷结果进行汇总整理后，按照选择频率和得分由高到低排序，确定两大类 12 个评估指标，如图 5-2 所示。

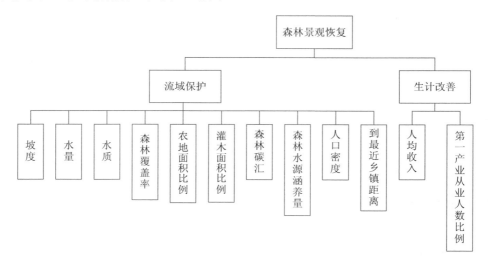

图 5-2　森林景观恢复评估属性

5.1.1 流域保护指标

5.1.1.1 坡度

坡度是土壤侵蚀发生的重要影响因素（张洪江，2008）。森林景观恢复应更多考虑具有更大坡度，即更大侵蚀风险的区域（Rosa et al.，2000）。本研究采用 ArcGIS 10.2 空间分析工具中的分区统计（Zonal Statistics）和重分类（Raster Reclassify）功能，来求得子流域平均坡度。全国《土地利用现状调查技术规程》把土地坡度分为五级，即≤2°、2°～6°、6°～15°、15°～25°、>25°，不同坡度级别对土地利用的影响不同，相应的水土流失风险和防治措施也不同（全国农业区划委员会，1984）。按此标准，同时结合本地实际情况，本书提出确定恢复优先区的坡度标准为三级：低优先区：0°～15°；中优先区：15°～25°；高优先区：>25°。

5.1.1.2 水量

水资源供给服务指一定区域内的地表产水量，其计算基于一个简化的水文循环模型，忽略地下水的影响，由降水量、蒸散量、土壤深度、植物可利用水等众多参数综合决定，水量越多，水资源供给服务就越好（王大尚等，2014）。水资源供给服务是密云水库流域提供的最为重要的一种生态系统供给服务，密云水库流域森林景观恢复工作的核心就是增加上游产水量。2000—2009 年，随着上游土地利用的变化，水资源供给服务能力（即产水量）下降了9%（Zheng et al.，2016）。显然，水量与森林景观恢复优先级呈负相关，即水量越低，恢复优先级越高；而水量越高，恢复优先级越低。

2013 年 5 月，北京林学会、美国环保组织——森林趋势和世界自然保护联盟在北京组织召开"密云水库流域多利益方研讨会"，邀请流域内的有关政府、科研单位和社区代表参加。各方代表在会上对子流域水文情况进行了通报汇总，研究人员掌握了子流域水量信息，并通过多次实地踏勘进行修正。本研究采用定性方式划分水量标准为三级：低优先区：有长流水；中优先区：季节性流水；高优先区：常年无流水。

5.1.1.3 水质

水质净化是密云水库流域提供的另一项重要生态系统调节服务。人类主导的土地利用方式能够改变流域景观格局，进而对水质产生重要影响（Dow et al.，2006；欧洋等，2012）。具体表现为，随着密云水库流域种植、养殖和休闲旅游业的发展，面源污染不断增加，给下游水质带来极大隐患。目前，密云水库潮白河不符合水体功能要求的河段比例达到31%（毕小刚，2011）。2000—2009年，随着上游土地利用的变化，水质净化能力（表现为对以氮元素为主的面源污染的去除能力）下降了27%（Zheng et al.，2016）。因此，水质因子也是森林景观恢复应考虑的一个重要指标，水质与恢复优先级呈正相关关系，即水质越差（水质等级越高），恢复优先级越高；而水质越好（水质等级越低），恢复优先级越低。根据上节提到的水文研讨成果，密云水库上游136条子流域的水质全部为Ⅱ～Ⅳ级，水质情况不容乐观。其中，Ⅱ级、Ⅲ级、Ⅳ级为《地表水环境质量标准》（GB 3838—2002）中的水质分级（国家环境保护总局，2002）。因此，本书研究提出不同恢复优先区的水质标准为：低优先区：Ⅱ级；中优先区：Ⅲ级；高优先区：Ⅳ级。

5.1.1.4 森林覆盖率

森林能够很好地起到调节水量的作用，在雨季可以截留降雨，依靠林下土壤涵养水源，有效降低了水土流失乃至山洪暴发的风险（Maidment，1993；Kerhoulas et al.，2013；余新晓等，2010）。因此，为了开展森林景观恢复，保持一定数量的森林，对涵养水源、净化水质、保持水土、降低自然灾害风险、提供多种生态系统服务仍具有十分积极的意义。具体来说，随着子流域森林覆盖率的增加，恢复优先级呈降低趋势。本书以流域土地利用空间数据库为基础，按子流域对森林面积进行汇总，得到子流域森林面积，进而得到子流域森林覆盖率。在此基础上提出不同优先恢复区的森林覆盖率标准为：低优先区：＞50%；中优先区：30%～50%；高优先区：0～30%。

5.1.1.5 农地面积比例

农地承担着十分重要的生态系统供给服务——提供粮食、蔬菜等产品，但是农地面积的增加会削弱水土保持、碳汇、水资源供给和水质净化服务。Zheng 等（2016）通过模型模拟得出：2000—2009 年，若密云水库流域农地面积增加 58.9%，水资源供给、水土保持、水质净化和碳汇服务分别下降 2%、56%、23% 和 7%。所以，农地面积越大，恢复优先级越高，反之则越低。本书采用与上节相似的方法，统计得出子流域农地面积比例，提出划分标准为：低优先区：0～5%；中优先区：5%～15%；高优先区：>15%。

5.1.1.6　灌木面积比例

密云水库流域内的灌木林地，绝大多数是在人为采伐破坏后天然更新恢复起来的，属于一种退化森林状态。无论是木材生物量等生态系统供给服务，还是水质净化、碳汇等调节服务，都远低于乔木林。因此，在森林景观恢复工作中，也应把灌木林地作为一个恢复重点。本研究采用与上节相似的方法，统计得出子流域灌木面积比例，提出划分标准为：低优先区：0～15%；中优先区：15%～40%；高优先区：>40%。

5.1.1.7　森林碳汇

碳汇是密云水库流域生态系统提供的另一项重要的生态调节服务。森林生态系统是陆地碳汇的主体，因此，本书有关碳汇能力的评估，主要围绕森林（含灌木林）展开。显然，森林景观恢复优先级与森林碳汇能力呈负相关。甘敬（2008）建立了北京山区 18 种主要乔灌草树种的生物量与蓄积量或树高的回归模型。本研究参考此研究成果，以二类调查小班数据为基础，估算出密云水库流域森林生物量，接着采用 0.5 作换算系数，可进一步得到流域森林植被碳储量，提出划分标准为：低优先区：>20 t/hm^2；中优先区：10～20 t/hm^2；高优先区：0～10 t/hm^2。

5.1.1.8　森林水源涵养量

森林是我国生态系统水源涵养的主体，占全国水源涵养总量的 60.80%（龚诗涵等，2017）。因此，可将森林水源涵养量作为衡量森林质量高低的一个重要标准，以此来判断森林景观恢复的优先级别（Moreno & Cubera，2008）。森林水源涵养能力越高，恢复优先级越低，反之则越高。Zhang 等（2010a）提出，森林水源涵养量（W）包括森林截流降水量（WR）（包括林冠、林下枯落物和土壤）、森林土壤储水量（WS）和森林产流量（WF）三部分，即

$$W = WR + WS + WF \tag{5-1}$$

分别对各部分计算后得出，北京地区森林水源涵养量为 $1\,998.07 \times 10^6\ m^3$，单位面积平均森林水源涵养量为 $2\,178\ m^3/hm^2$（Zhang et al.，2010a）。按此标准可进一步求得各子流域平均水源涵养量，具体的划分标准为：低优先区：$>3\,000\ m^3/hm^2$；中优先区：$1\,500\sim3\,000\ m^3/hm^2$；高优先区：$0\sim1\,500\ m^3/hm^2$。

5.1.1.9 人口密度

人口密度（人/km^2）是反映地区人口密集程度的指标，与地区土地资源人口承载密度相比，可在一定程度上揭示地区承载力水平。从森林景观恢复角度来看，人口密度越大，地区各项生态系统服务（如供给、调节服务等）的承载就越重，受到干扰破坏的风险就越高。因此，更加需要实施恢复措施加以保护，以确保各项生态系统服务的正常供给。本书中，子流域人口密度数据主要通过各区县统计年鉴中乡镇人口密度换算得到，具体划分标准为：低优先区：$0\sim0.02$ 人/km^2；中优先区：$0.02\sim0.06$ 人/km^2；高优先区：>0.06 人/km^2。

5.1.1.10 到最近乡镇距离

为了确保森林景观恢复效果，优先恢复区通常选定远离干扰源（如城区、公路等）的区域（Valente & Vettorazzi，2008）。因为，越靠近干扰源，由于不可持续的土地利用方式（Gutzwiller & Barrow，2003）、森林火灾风险（Chen et al.，2001）和城市边界扩张（Saunders et al.，1991），会对森林景观造成干扰和破坏，造成森林退化乃至消失。因此，本书选定该指标从干扰破坏风险的角度，衡量子流域森林景观恢复优先水平。距离人口密集区——乡镇越近，则干扰风险越高，恢复优先级也越低；反之则相反（Valente & Vettorazzi，2008）。通过 ArcGIS 10.2 空间分析工具中的邻域分析功能，得到各子流域到最近乡镇的距离，具体划分标准为：低

优先区：0~3 km；中优先区：3~6 km；高优先区：>6 km。

5.1.2 生计改善指标

5.1.2.1 人均收入

人均收入与当地经济发展水平密切相关，也在一定程度上表明了生计改善的优先程度。人均收入越低，生计改善需求越高，反之则越低。本书的人均收入数据主要通过查阅当地统计年鉴获得，根据密云水库子流域的收入水平分布情况，相应提出具体划分标准为：低优先区：>5 000 元/（人·a）；中优先区：1 000~5 000 元/（人·a）；高优先区：0~1 000 元/（人·a）。

5.1.2.2 第一产业从业人数比例

第一产业从业人数比例也表明了当地经济发展水平。比例高，则表明当地经济发展较为粗放，经济收入水平较低，同时对自然资源的依赖程度较高，各项生态系统服务遭到干扰和破坏的风险也较大，因此，生计改善的优先程度就更高。比例低，则情况恰好相反。本书的第一产业从业人数比例数据主要通过查阅当地统计年鉴获得，根据密云水库流域的整体分布情况，该指标的具体划分标准为：低优先区：0~30%；中优先区：30%~70%；高优先区：>70%。

综上所述，本书不同恢复优先区（子流域）评估指标的划分标准，见表 5-1。

表 5-1　森林景观恢复优先区评估指标划分标准

指标类型	指标名	优先级		
		低	中	高
流域保护	坡度/°	0~15	15~25	>25
	水量	有长流水	季节性流水	常年无流水
	水质	Ⅱ	Ⅲ	Ⅳ
	森林覆盖率/%	>50	30~50	0~30
	农地面积比例/%	0~5	5~15	>15
	灌木面积比例/%	0~15	15~40	>40

指标类型	指标名	优先级		
		低	中	高
流域保护	森林碳汇/（t/hm²）	>20	10~20	0~10
	森林水源涵养量/（m³/hm²）	>3 000	1 500~3 000	0~1 500
	人口密度/（人/km²）	0~0.02	0.02~0.06	>0.06
	到最近乡镇距离/km	0~3	3~6	>6
生计改善	人均收入/[元/（人·a）]	>5 000	1 000~5 000	0~1 000
	第一产业从业人数比例/%	0~30	30~70	>70

在此基础上，在已经建立的子流域空间数据库中，生成各评估指标的栅格空间分布图，如图5-3所示。

5.2 属性图层归一化处理

由于不同属性的测量单位不同，为了进行有序加权平均运算，需要对各属性进行归一化处理（Normalization），以消除不同测量单位的影响。Voogd（1983）提出利用属性的最大值和最小值进行线性归一化，具体如下：

$$x_i = \frac{\left(R_i - R_{min}\right)}{\left(R_{max} - R_{min}\right)} \times 标准化范围 \tag{5-2}$$

其中，x_i和R_i分别是属性的归一化数值和原始值；R_{max}和R_{min}分别是属性的最大值和最小值。在线性归一化过程中，存在单调递增和单调递减两种情形。所谓单调递增，就是随着属性数值的增加，森林景观恢复优先级也随之增加，而单调递减则恰好相反。按照5.1节的分析，在全部12个属性中，坡度、人口密度、第一产业从业人数比例、到最近乡镇的距离为单调递增形式，其余则为单调递减形式。在此基础上，采用GIS软件IDRISI 17.0中的FUZZY模块，对以上属性的栅格图层进行0~1范围的归一化处理，获得相应的归一化栅格图，在ArcGIS 10.2中以0.33和0.66为中断值，对栅格图层进行手动再分类，获得"低、中、高"三个恢复优先级，如图5-4所示。

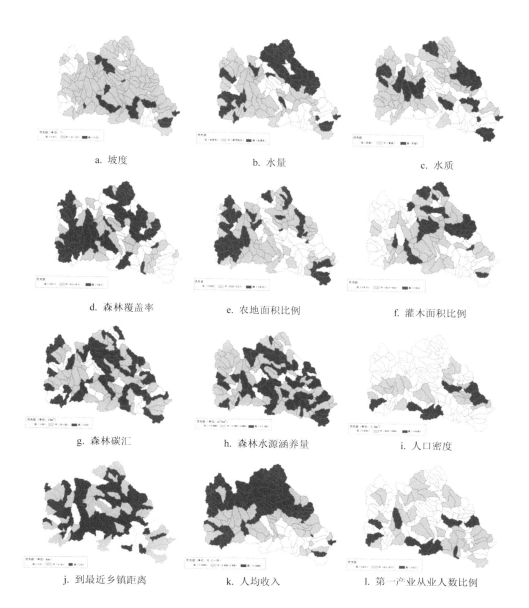

a. 坡度

b. 水量

c. 水质

d. 森林覆盖率

e. 农地面积比例

f. 灌木面积比例

g. 森林碳汇

h. 森林水源涵养量

i. 人口密度

j. 到最近乡镇距离

k. 人均收入

l. 第一产业从业人数比例

图 5-3 子流域评估指标空间分布

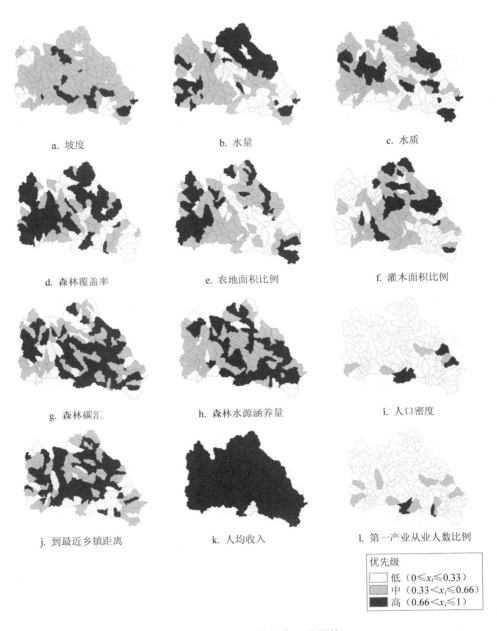

a. 坡度   b. 水量   c. 水质

d. 森林覆盖率   e. 农地面积比例   f. 灌木面积比例

g. 森林碳汇   h. 森林水源涵养量   i. 人口密度

j. 到最近乡镇距离   k. 人均收入   l. 第一产业从业人数比例

优先级
低（$0 \leqslant x_i \leqslant 0.33$）
中（$0.33 < x_i \leqslant 0.66$）
高（$0.66 < x_i \leqslant 1$）

图 5-4　子流域评估指标归一化栅格

5.3　计算准则权重

准则权重表现了每条准则在决策过程中的相对重要性，并将决策者对于不同准则的偏好纳入决策过程。通过前面的参与式专家打分法，研究人员已获得 12 个评估属性的相对重要性排序。在此基础上，根据 Satty（1980）提出的 AHP 配对比较法打分标准（表 5-2），可进一步计算准则权重。

表 5-2　AHP 配对比较打分标准

不重要				一样	重要			
极端	非常	很	有些	一样	有些	很	非常	极端
1/9	1/7	1/5	1/3	1	3	5	7	9

表 5-2 显示了准则两两配对比较，由不重要到重要程度的变化。例如，1/9 表示准则 1 与准则 2 相比，是极端不重要的；1 表示二者是同等重要的；9 表示准则 1 与准则 2 相比，是极端重要的，其余分值标准以此类推。由此，可得到不同评估属性的配对比较矩阵，见表 5-3。

表 5-3　森林景观恢复决策的配对比较矩阵和准则权重

准则	坡度	水量	水质	森林覆盖率	农地面积比例	灌木面积比例	森林碳汇	森林水源涵养量	人口密度	人均收入	第一产业从业人数比例	到最近乡镇距离	准则权重
坡度	1												0.023 0
水量	7	1											0.130 1
水质	5	1/3	1										0.056 3
森林覆盖率	9	5	7	1									0.284 5
农地面积比例	5	1/3	3	1/5	1								0.075 4

准则	坡度	水量	水质	森林覆盖率	农地面积比例	灌木面积比例	森林碳汇	森林水源涵养量	人口密度	人均收入	第一产业从业人数比例	到最近乡镇距离	准则权重
灌木面积比例	7	1	5	1/3	3	1							0.156 5
森林碳汇	5	1/3	1	1/5	1	1/5	1						0.061 4
森林水源涵养量	7	1	3	1/3	3	1/3	3	1					0.125 0
人口密度	1	1/5	1/3	1/7	1/5	1/3	1/3	1/5	1				0.028 3
人均收入	1/3	1/7	1/5	1/9	1/3	1/5	1/5	1/7	1/3	1			0.015 7
第一产业从业人数比例	1/3	1/7	1/5	1/9	1/3	1/5	1/5	1/7	1/3	1	1		0.015 7
到最近乡镇距离	1	1/5	1/3	1/7	1/5	1/3	1/3	1/5	1	3	3	1	0.028 3
一致性比率（CR）=0.07												总计	1.000 0

由于此矩阵是对称矩阵，因此只需沿对角线计算一半即可，另一半完全与其一一对应。配对比较后，解得一致性比率（CR）= 0.07，小于 0.10 的临界值，表明配对比较结果合理，可以接受（Satty，1980）。在此基础上，通过求解该矩阵归一化的特征向量，可得到各属性的准则权重，如表 5-3 最后一列所示。以上计算均在 IDRISI 17.0 的 WEIGHT 模块下完成。

5.4 计算次序权重

如前所述，次序权重实际上控制的是当准则权重进行聚集运算时（如空间叠加），相互间影响的状态（Yager，1988）。具体表现为它控制了聚集运算在风险承受和风险规避间的具体位置以及属性间的相互平衡水平（图 3-15）。因此，次序权重仅与属性所在的具体位置或排序有关，而与该位置上的属性值无关。根据前一章提出的算法，使用 What's Best 系统优化计算软件，可得到采用 12 个属性时，在不同风险承受水平（α）和平衡水平（ω）下的次序权重，见表 5-4。

表 5-4　不同风险承受水平（α）和平衡水平（ω）下的属性最优次序权重（$n=12$）

$n=12$	α										
	0	0.1	0.2	0.3	0.4	0.5	0.6	0.7	0.8	0.9	1
w_1	0.000	0.000	0.006	0.022	0.047	0.083	0.133	0.201	0.300	0.475	1.000
w_2	0.000	0.001	0.009	0.027	0.052	0.083	0.121	0.164	0.211	0.249	0.000
w_3	0.000	0.002	0.013	0.033	0.057	0.083	0.110	0.134	0.149	0.131	0.000
w_4	0.000	0.003	0.018	0.040	0.062	0.083	0.100	0.109	0.105	0.069	0.000
w_5	0.000	0.005	0.026	0.049	0.069	0.083	0.091	0.089	0.074	0.036	0.000
w_6	0.000	0.010	0.037	0.060	0.075	0.083	0.083	0.073	0.052	0.019	0.000
w_7	0.000	0.019	0.052	0.073	0.083	0.083	0.075	0.060	0.037	0.010	0.000
w_8	0.000	0.036	0.074	0.089	0.091	0.083	0.069	0.049	0.026	0.005	0.000
w_9	0.000	0.069	0.105	0.109	0.100	0.083	0.062	0.040	0.018	0.003	0.000
w_{10}	0.000	0.131	0.149	0.134	0.110	0.083	0.057	0.033	0.013	0.002	0.000
w_{11}	0.000	0.249	0.211	0.164	0.121	0.083	0.052	0.027	0.009	0.001	0.000
w_{12}	1.000	0.475	0.300	0.201	0.133	0.083	0.047	0.022	0.006	0.000	0.000
$\sum w_j$	1.000										
ω	0.000	0.501	0.677	0.799	0.903	1.000	0.903	0.799	0.677	0.501	0.000

α、ω 与不同风险决策间的关系，可用图 5-5 来表示。

这实际上反映了在 $n=12$ 时问题决策的空间分布，随着 α 从 0 向 1 变化，决策的风险水平也随之变化，即由悲观的风险规避型到乐观的风险承受型，当 $\alpha=0.5$ 时，决策为中立水平。因此，实际决策中，决策者可以通过调整风险水平（α），来了解不同的决策结果，为实际决策提供充足依据。

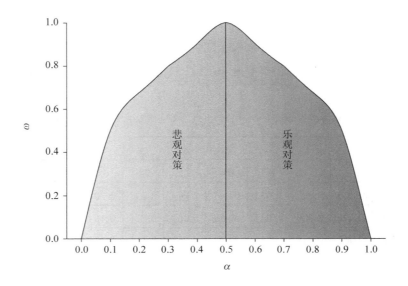

图 5-5 α、ω 与不同风险决策间的关系

5.5 确定森林景观恢复优先区

在求得准则权重和次序权重的基础上，采用研究方法中介绍的 WOWA 算法，并采用与 5.4 节相同的再分类方法，可得到在不同 α 水平下的森林景观恢复优先区，整个过程在 IDRISI 17.0 的 MCE 模块下完成，同样在 ArcGIS 10.2 下以 0.33 和 0.66 为中断值，对栅格图层进行手动再分类，获得"低、中、高"三个恢复优先级，如图 5-6 所示。

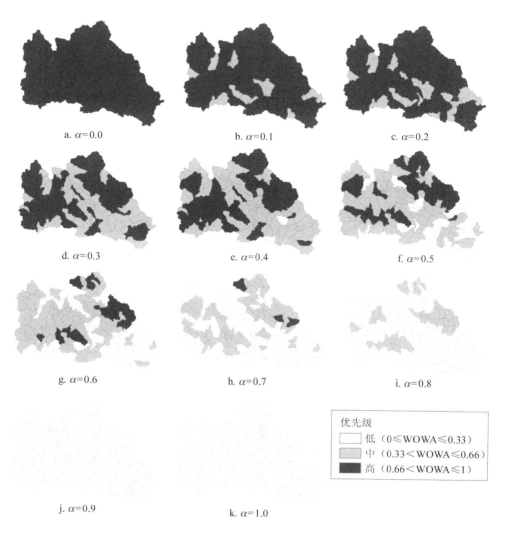

a. α=0.0   b. α=0.1   c. α=0.2

d. α=0.3   e. α=0.4   f. α=0.5

g. α=0.6   h. α=0.7   i. α=0.8

优先级
☐ 低（0≤WOWA≤0.33）
▨ 中（0.33＜WOWA≤0.66）
■ 高（0.66＜WOWA≤1）

j. α=0.9   k. α=1.0

图 5-6 不同α水平下的森林景观恢复优先区

从图 5-6 中可以清楚地看到在不同 α 水平下，森林景观恢复策略的变化。当 α=0 时，整个密云水库流域全部为高优先恢复区。从森林景观恢复的角度来看，这是最糟糕的一种情况，即所有子流域均需要恢复。此时，把概率 1（次序权重）

分配给排名最后一位的评估属性，各子流域的ΣWOWA 为最大值（[0.985，1.000]），远大于 0.66 的高恢复优先级的临界值。此外，这种恢复策略下，$\omega=0$ 表明各个评估属性之间不存在补充替代，即平衡值（Tradeoff）为 0。总体来看，$\alpha=0$ 反映了一种最悲观和极端重视保护风险的决策心态，要对所有子流域开展恢复和保护。

当$\alpha=0$ 向$\alpha=0.5$ 变化时，决策悲观水平逐渐降低，而乐观水平逐渐升高。从图 5-6 来看，越来越多的子流域从高优先恢复级降为中优先恢复级，空间异质性在增强。这表明各条子流域的ΣWOWA 值在逐渐下降，主要由于各个属性位置上的 WOWA 在下降，以及不同属性之间可以相互平衡。同时，研究人员发现，悲观决策心态下的优先区与高准则权重的优先区（如森林覆盖率）有很大重叠性。这表明当 α 值较低时，准则权重值较高的属性，对最终决策结果影响较大（Valente & Vettorazzi，2008）。

当$\alpha=0.5$ 时，表明一种完全中立的决策心态。各条子流域的 WOWA 值在持续下降，更多子流域由高优先级转为中优先级，个别子流域已从中优先级转为低优先级。此时决策属性间处于完全平衡状态，每个属性位置上的次序权重完全相等，表明次序权重对于决策结果的影响相同，因此，决策结果实际上完全由准则权重决定。这种情况就是通常使用的加权线性合并法。

当$\alpha=0.5$ 向$\alpha=1$ 变化时，各评估属性的平衡值逐步降低，决策乐观水平继续升高，认为流域状况良好，森林景观恢复工作的迫切性在降低。由于各子流域的WOWA 值都在持续下降，从图 5-6 中可以看到，优先恢复子流域的数量和级别都在持续降低，空间均质性在增强。同时，各评估属性的可信度在逐步下降，对于决策结果的影响趋向同一（刘焱序等，2014）。

当$\alpha=1$ 时，代表了一种极乐观和极端不重视保护风险的决策心态。此时，把概率 1（次序权重）分配给排第一位的评估属性，各子流域的ΣWOWA 为最小值（[0.00，0.18]），远低于 0.33 的低优先恢复区的临界值。从图 5-6 中可以看到，全部子流域均为低优先恢复区，表明决策者已经足够乐观，可以认为整个流域的状况已经足够好，不需要采取任何恢复措施。

　　综上所述，从α=0 到α=1 的变化过程，不仅是决策心态从悲观向乐观变化的过程，也是优先恢复子流域区分度逐步升高后又降低的过程。从科学决策的角度来看，在全流域内开展森林景观恢复（α=0）当然最为保险，但是公共财政肯定无力负担如此巨大的投入。因此，还是在适中的α水平上选取森林景观恢复优先区，开展有针对性的恢复更为可行。

5.6　森林景观恢复优先区划分结果

　　根据 5.5 节发现，本研究进一步确定α=0.3、α=0.5 和α=0.7 时的森林景观恢复优先区（分别代表低、中、高三种保护风险水平），并探讨它们的空间分布规律。在 ArcGIS 10.2 中，将优先区栅格图层与县域、子流域、河流等矢量图层叠加，可得到不同α水平下优先子流域的空间分布信息，如图 5-7 所示。

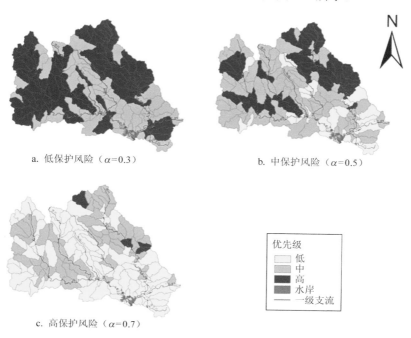

a. 低保护风险（α=0.3）

b. 中保护风险（α=0.5）

c. 高保护风险（α=0.7）

优先级
低
中
高
水岸
—— 一级支流

图 5-7　不同保护风险下的森林景观恢复优先区分布

可以更清楚地看到，随着保护风险由低向高变化，子流域恢复优先级的区分度在降低，而逐步趋于同一。可见，森林景观恢复优先性和投入的下降，是以承担保护风险为代价换取的。因此，当有较强的恢复工作需要时，合理的决策方案应在中低保护风险范围内选择。然而，低保护风险并不一定是最佳方案，而是要根据森林景观特点和外部工作条件来综合确定（Malczewski，1999；Valente & Vettorazzi，2008）。

密云水库流域一级支流包括潮河、白河、黑河、汤河、天河、安达木河和清水河。从图 5-7 中可以看出，三个保护风险水平的绝大部分中高级优先恢复区均集中在潮河和白河流域，汤河、黑河次之，而天河、安达木河和清水河最少。可见，未来流域森林景观恢复工作应以潮河、白河为重点开展。通过已建立的空间数据库，可得到不同保护风险水平下的森林景观恢复优先区（子流域）分布情况，见表 5-5。

表 5-5　密云水库流域森林景观恢复优先区流域分布数量

保护风险水平	低（α=0.3）			中（α=0.5）			高（α=0.7）		
恢复优先级	高	中	低	高	中	低	高	中	低
潮河	36	12	0	27	15	6	4	25	19
白河	30	16	0	10	28	8	0	17	29
黑河	10	4	0	4	10	0	0	5	9
汤河	4	11	0	2	8	5	0	3	12
安达木河	1	3	0	0	3	1	0	1	3
清水河	4	2	0	0	4	2	0	0	6
天河	1	2	0	0	3	0	0	0	3
小计	86	50	0	43	71	22	4	51	81
总计	136			136			136		

5.7 小结

本章采用 OWA 法研究了密云水库流域森林景观恢复优先区划问题，初步形成如下结论：

（1）低、中、高三个保护风险水平的绝大部分中高级优先恢复区均集中在潮河和白河流域，汤河、黑河次之，而天河、安达木河和清水河最少。可见，未来密云水库流域森林景观恢复工作应以潮河、白河为重点开展。

（2）随着保护风险水平由低向高变化，密云水库子流域森林景观恢复优先级的区分度在降低，而逐步趋于一致。可见，森林景观恢复的紧迫性和投入的下降，是以承担保护风险为代价换取的。因此，当有较强的恢复工作需要时，合理的决策方案应在中低保护风险范围内选择。然而，低保护风险并不一定是最佳方案，而是要根据森林景观特点和外部工作条件，来对不同情境进行组合和平衡。

（3）OWA 法是一种有效的辅助决策技术，优化森林景观恢复活动和资源。从决策方法角度来看，OWA 法既通过设置合理的评估属性，考虑到森林景观的特点，也通过专家打分和 AHP 法，兼顾到决策者和专家的观点，实现主客观决策的统一；从决策情境角度来看，单纯的景观恢复或生计改善都无法满足森林景观恢复目标，而 OWA 法恰好提供了不同 α 水平下的决策情境，使得决策者能够根据外部条件（如资金、技术等），来对不同情境进行组合和平衡，得到一个优化的决策方案。

（4）OWA 法提供了一种有效的机制，来指导基于 GIS 的空间聚集算法。OWA 法引入风险水平和平衡水平参数，来计算最优次序权重和建立转换函数，进而依靠转换函数将准则权重和次序权重联系起来，求得加权 OWA 值。

（5）最常使用的加权线性平均法中，准则权重的判定具有主观色彩，从而给决策结果带来很大的不确定性。而 OWA 法中，通过引入合理参数，建立不同 α 水平的最优次序权重，来修订准则权重，进而影响加权 OWA 值。因此，通过采用不同决策心态或不同工作风险水平下的多套次序权重，有效避免了一套准则权重所带来的决策偏差，从而使评价决策结果更加科学、合理。

（6）准则权重的确定对 OWA 法评价结果具有至关重要的影响。特别是当 α 水平较低时，准则权重值较高的属性，对最终决策结果影响较大。因此，应结合不同工作需要，对于那些与评价决策主题联系紧密，对结果可能产生较大影响的属性，通过 AHP 法等赋予较高权重。

6 森林景观恢复优先区决策的敏感性分析

在空间多准则决策中，决策准则均来自不同的数据源，彼此之间可能存在冲突和不一致之处，由此可能给决策结果带来不确定性。此外，随着决策问题复杂性的增加，决策准则数量也相应增加，与之对应的决策结果与决策准则之间呈现越来越明显的非线性特征，这也给决策结果带来了更多的不确定性（Chen et al.，2013）。目前，敏感性分析已经作为一种通用的分析方法在决策模型开发工作中得到广泛应用，帮助开发人员或决策者校准模型，通过发现决策结果与决策准则间隐藏的相关性来调整模型，以更好地适应数据需求（Saltelli et al.，2000；Chen et al.，2010b，2013；Allaire & Willcox，2012）。

本章在第 5 章得出密云水库流域森林景观恢复优先区的基础上，采用准则权重和矩阵敏感性分析法对决策结果进行校验，分析各个决策准则的敏感性，帮助决策者确定对决策结果影响最大的准则，以此来降低决策的不确定性，提高决策精度。

6.1 AHP-SA 敏感性分析软件

本书主要采用 AHP-SA 敏感性分析软件进行（Chen et al.，2010b，2013）。该分析软件基础架构采用 C# .Net 计算机语言开发，集成了 ArcGIS 10.X 的地图可视化功能，同时也植入了 Matlab 的分析计算和 Access 的数据库存储功能，能够满足敏感性分析和计算，以及成果的输出和可视化要求。该分析软件主要包括如下

4 个模块：

（1）主界面：主要用于加载和显示研究所需的地图文件（.mxd），用户可以自由选择有关的准则图层作为研究分析对象，所有的图、表分析结果也在此显示。

（2）AHP 计算模块：在确定研究准则的基础上，用于执行 AHP 分析计算功能，生成配对比较矩阵，计算一致性比率，并生成决策结果图。

（3）准则权重敏感性分析模块：根据第 5 章介绍的研究方法，在此通过调整配对比较矩阵中准则权重的值来进行准则权重敏感性分析。

（4）矩阵敏感性分析模块：用户在确定研究对象和变化半径后，根据第 5 章介绍的研究方法，在此进行矩阵敏感性分析，对通过一致性检验的变化矩阵，生成相应的可视化图层和统计表。

6.2　评价准则的确定与分级

本章按照第 5 章的研究结果，对确定森林景观恢复优先区的坡度、水量、水质、森林覆盖率、灌木面积比例、农地面积比例、森林碳汇、森林水源涵养量、人口密度、到最近乡镇距离、人均收入和第一产业从业人数比例共 12 个评价指标（准则）进行敏感性分析，每个指标均分为三个级别，分别对应森林景观恢复的低、中、高三个恢复优先级（表 5-1）。在第 5 章构建的空间数据库中，依照上述属性字段，采用 Arctoolbox 的转换工具输出所需的栅格文件（整型 ESRI GRID 格式）；再运用 Arctoolbox 的重分类工具，生成不同准则的森林景观恢复优先级图层，每个准则图层均包括高、中、低三个级别的恢复优先区，将它们载入 AHP-SA 中，如图 6-1 所示。

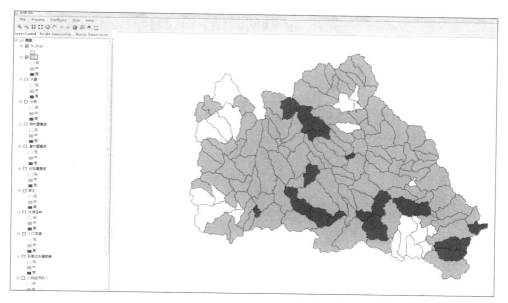

图 6-1　AHP-SA 敏感性分析软件栅格图层加载界面

可依照表 5-3 的准则权重计算结果，对上述 12 个准则指标的栅格图层进行空间叠加，得到森林景观恢复优先区划分结果。本书以图 5-7b 为例，即中等保护风险下（α=0.5）的森林景观恢复优先区分布，来说明敏感性分析。

6.3　准则权重敏感性分析

根据前面对算法的介绍，本书设定准则权重变化范围（RPC）为[-20%，+20%]，百分比变化增量（IPC）为 1%。因此，为了进行准则权重敏感性分析，每个评估准则需要进行 40 次模拟运算，来获得新的准则权重和其他有关参数，全部 12 个评估准则，则需要完成 480 次模拟运算，所有模拟运算均在 AHP-SA 软件下完成。以"水量"评价准则为例，敏感性分析的权重模拟结果见表 6-1。

表 6-1　"水量"评价准则的敏感性分析权重模拟结果

权重变化/%	准则权重											
	C1	C2	C3	C4	C5	C6	C7	C8	C9	C10	C11	C12
−20	0.023 69	0.104 08	0.057 98	0.293 01	0.077 65	0.161 18	0.063 24	0.128 74	0.029 15	0.016 17	0.016 17	0.029 15
−19	0.023 65	0.105 38	0.057 90	0.292 58	0.077 54	0.160 95	0.063 14	0.128 55	0.029 10	0.016 15	0.016 15	0.029 10
−18	0.023 62	0.106 68	0.057 82	0.292 16	0.077 43	0.160 71	0.063 05	0.128 36	0.029 06	0.016 12	0.016 12	0.029 06
−17	0.023 58	0.107 98	0.057 73	0.291 73	0.077 32	0.160 48	0.062 96	0.128 18	0.029 02	0.016 10	0.016 10	0.029 02
−16	0.023 55	0.109 28	0.057 65	0.291 31	0.077 20	0.160 24	0.062 87	0.127 99	0.028 98	0.016 08	0.016 08	0.028 98
−15	0.023 52	0.110 59	0.057 56	0.290 88	0.077 09	0.160 01	0.062 78	0.127 80	0.028 93	0.016 05	0.016 05	0.028 93
−14	0.023 48	0.111 89	0.057 48	0.290 46	0.076 98	0.159 78	0.062 69	0.127 62	0.028 89	0.016 03	0.016 03	0.028 89
−13	0.023 45	0.113 19	0.057 39	0.290 03	0.076 87	0.159 54	0.062 59	0.127 43	0.028 85	0.016 01	0.016 01	0.028 85
−12	0.023 41	0.114 49	0.057 31	0.289 60	0.076 75	0.159 31	0.062 50	0.127 24	0.028 81	0.015 98	0.015 98	0.028 81
−11	0.023 38	0.115 79	0.057 23	0.289 18	0.076 64	0.159 07	0.062 41	0.127 06	0.028 77	0.015 96	0.015 96	0.028 77
−10	0.023 34	0.117 09	0.057 14	0.288 75	0.076 53	0.158 84	0.062 32	0.126 87	0.028 72	0.015 93	0.015 93	0.028 72
−9	0.023 31	0.118 39	0.057 06	0.288 33	0.076 41	0.158 61	0.062 23	0.126 68	0.028 68	0.015 91	0.015 91	0.028 68
−8	0.023 28	0.119 69	0.056 97	0.287 90	0.076 30	0.158 37	0.062 13	0.126 50	0.028 64	0.015 89	0.015 89	0.028 64
−7	0.023 24	0.120 99	0.056 89	0.287 48	0.076 19	0.158 14	0.062 04	0.126 31	0.028 60	0.015 86	0.015 86	0.028 60
−6	0.023 21	0.122 29	0.056 81	0.287 05	0.076 08	0.157 90	0.061 95	0.126 12	0.028 55	0.015 84	0.015 84	0.028 55
−5	0.023 17	0.123 60	0.056 72	0.286 63	0.075 96	0.157 67	0.061 86	0.125 93	0.028 51	0.015 82	0.015 82	0.028 51
−4	0.023 14	0.124 90	0.056 64	0.286 20	0.075 85	0.157 44	0.061 77	0.125 75	0.028 47	0.015 79	0.015 79	0.028 47
−3	0.023 10	0.126 20	0.056 55	0.285 78	0.075 74	0.157 20	0.061 68	0.125 56	0.028 43	0.015 77	0.015 77	0.028 43
−2	0.023 07	0.127 50	0.056 47	0.285 35	0.075 63	0.156 97	0.061 58	0.125 37	0.028 38	0.015 75	0.015 75	0.028 38
−1	0.023 03	0.128 80	0.056 38	0.284 93	0.075 51	0.156 73	0.061 49	0.125 19	0.028 34	0.015 72	0.015 72	0.028 34
0	0.023 00	0.130 10	0.056 30	0.284 50	0.075 40	0.156 50	0.061 40	0.125 00	0.028 30	0.015 70	0.015 70	0.028 30
1	0.022 97	0.131 40	0.056 22	0.284 07	0.075 29	0.156 27	0.061 31	0.124 81	0.028 26	0.015 68	0.015 68	0.028 26
2	0.022 93	0.132 70	0.056 13	0.283 65	0.075 17	0.156 03	0.061 22	0.124 63	0.028 22	0.015 65	0.015 65	0.028 22
3	0.022 90	0.134 00	0.056 05	0.283 22	0.075 06	0.155 80	0.061 12	0.124 44	0.028 17	0.015 63	0.015 63	0.028 17
4	0.022 86	0.135 30	0.055 96	0.282 80	0.074 95	0.155 56	0.061 03	0.124 25	0.028 13	0.015 61	0.015 61	0.028 13
5	0.022 83	0.136 61	0.055 88	0.282 37	0.074 84	0.155 33	0.060 94	0.124 07	0.028 09	0.015 58	0.015 58	0.028 09
6	0.022 79	0.137 91	0.055 79	0.281 95	0.074 72	0.155 10	0.060 85	0.123 88	0.028 05	0.015 56	0.015 56	0.028 05
7	0.022 76	0.139 21	0.055 71	0.281 52	0.074 61	0.154 86	0.060 76	0.123 69	0.028 00	0.015 54	0.015 54	0.028 00
8	0.022 72	0.140 51	0.055 63	0.281 10	0.074 50	0.154 63	0.060 67	0.123 50	0.027 96	0.015 51	0.015 51	0.027 96

权重变化/%	准则权重											
	C1	C2	C3	C4	C5	C6	C7	C8	C9	C10	C11	C12
9	0.022 69	0.141 81	0.055 54	0.280 67	0.074 39	0.154 39	0.060 57	0.123 32	0.027 92	0.015 49	0.015 49	0.027 92
10	0.022 66	0.143 11	0.055 46	0.280 25	0.074 27	0.154 16	0.060 48	0.123 13	0.027 88	0.015 47	0.015 47	0.027 88
11	0.022 62	0.144 41	0.055 37	0.279 82	0.074 16	0.153 93	0.060 39	0.122 94	0.027 83	0.015 44	0.015 44	0.027 83
12	0.022 59	0.145 71	0.055 29	0.279 40	0.074 05	0.153 69	0.060 30	0.122 76	0.027 79	0.015 42	0.015 42	0.027 79
13	0.022 55	0.147 01	0.055 21	0.278 97	0.073 93	0.153 46	0.060 21	0.122 57	0.027 75	0.015 39	0.015 39	0.027 75
14	0.022 52	0.148 31	0.055 12	0.278 54	0.073 82	0.153 22	0.060 11	0.122 38	0.027 71	0.015 37	0.015 37	0.027 71
15	0.022 48	0.149 62	0.055 04	0.278 12	0.073 71	0.152 99	0.060 02	0.122 20	0.027 67	0.015 35	0.015 35	0.027 67
16	0.022 45	0.150 92	0.054 95	0.277 69	0.073 60	0.152 76	0.059 93	0.122 01	0.027 62	0.015 32	0.015 32	0.027 62
17	0.022 42	0.152 22	0.054 87	0.277 27	0.073 48	0.152 52	0.059 84	0.121 82	0.027 58	0.015 30	0.015 30	0.027 58
18	0.022 38	0.153 52	0.054 78	0.276 84	0.073 37	0.152 29	0.059 75	0.121 64	0.027 54	0.015 28	0.015 28	0.027 54
19	0.022 35	0.154 82	0.054 70	0.276 42	0.073 26	0.152 05	0.059 66	0.121 45	0.027 50	0.015 25	0.015 25	0.027 50
20	0.022 31	0.156 12	0.054 62	0.275 99	0.073 15	0.151 82	0.059 56	0.121 26	0.027 45	0.015 23	0.015 23	0.027 45

注：C1——坡度；C2——水量；C3——水质；C4——森林覆盖率；C5——农地面积比例；C6——灌木面积比例；C7——森林碳汇；C8——森林水源涵养量；C9——人口密度；C10——人均收入；C11——第一产业从业人数比例；C12——到最近乡镇距离。

表 6-1 中，当权重变化为 0 时，表示模拟分析前的基准情况。以此表的准则权重值为基础，采用"立方卷积算法"对栅格像元进行重采样，可以生成新的恢复优先区分布图，各个优先级的像元数和变化情况如表 6-2 所示。

表 6-2　"水量"评价准则敏感性分析的像元数和像元变化

权重变化/%	像元数			像元变化			
	L1	L2	L3	L1->L1	L1->L2	L2->L1	L2->L2
−20	8 732	35 517	2 243	7 843	604	889	34 913
−19	8 732	35 517	2 243	7 843	604	889	34 913
−18	8 732	35 517	2 243	7 843	604	889	34 913
−17	8 732	35 517	2 243	7 843	604	889	34 913
−16	8 732	35 517	2 243	7 843	604	889	34 913
−15	8 732	35 517	2 243	7 843	604	889	34 913

权重变化/%	像元数			像元变化			
	L1	L2	L3	L1->L1	L1->L2	L2->L1	L2->L2
−14	8 732	35 517	2 243	7 843	604	889	34 913
−13	8 732	35 517	2 243	7 843	604	889	34 913
−12	8 732	35 517	2 243	7 843	604	889	34 913
−11	8 732	35 517	2 243	7 843	604	889	34 913
−10	8 732	35 517	2 243	7 843	604	889	34 913
−9	8 732	35 517	2 243	7 843	604	889	34 913
−8	8 732	35 517	2 243	7 843	604	889	34 913
−7	7 843	36 406	2 243	7 843	604	0	35 802
−6	7 843	36 406	2 243	7 843	604	0	35 802
−5	7 960	36 289	2 243	7 960	487	0	35 802
−4	7 960	36 289	2 243	7 960	487	0	35 802
−3	8 447	35 802	2 243	8 447	0	0	35 802
−2	8 447	35 802	2 243	8 447	0	0	35 802
−1	8 447	35 802	2 243	8 447	0	0	35 802
0	8 447	35 802	2 243	8 447	0	0	35 802
1	8 447	35 802	2 243	8 447	0	0	35 802
2	8 447	35 802	2 243	8 447	0	0	35 802
3	8 447	35 802	2 243	8 447	0	0	35 802
4	8 623	35 626	2 243	8 447	0	176	35 626
5	8 623	35 626	2 243	8 447	0	176	35 626
6	8 623	35 626	2 243	8 447	0	176	35 626
7	8 623	35 626	2 243	8 447	0	176	35 626
8	8 623	35 626	2 243	8 447	0	176	35 626
9	8 623	35 626	2 243	8 447	0	176	35 626
10	8 623	35 626	2 243	8 447	0	176	35 626
11	8 623	35 626	2 243	8 447	0	176	35 626
12	8 623	35 626	2 243	8 447	0	176	35 626
13	8 623	35 626	2 243	8 447	0	176	35 626
14	8 623	35 626	2 243	8 447	0	176	35 626
15	8 953	35 296	2 243	8 447	0	506	35 296
16	8 905	35 344	2 243	8 399	48	506	35 296

权重变化/%	像元数			像元变化			
	L1	L2	L3	L1->L1	L1->L2	L2->L1	L2->L2
17	8 905	35 344	2 243	8 399	48	506	35 296
18	8 905	35 344	2 243	8 399	48	506	35 296
19	8 905	35 344	2 243	8 399	48	506	35 296
20	8 905	35 344	2 243	8 399	48	506	35 296

注：L1——高优先区；L2——中优先区；L3——低优先区。

从表 6-2 中可以看出，随着权重的变化，L1 和 L2 的像元数会发生相互转化。在某些权重变化范围内（如−20%～−8%和 16%～20%），L1 和 L2 的像元数会同时发生转化；在某些权重变化范围内（如−7%～−4%和 4%～15%），L1 和 L2 的像元数会发生单向转化（L1->L2 或 L2->L1）；所有像元变化均在 L1 和 L2 间进行，L3 像元数自始至终保持稳定，没有发生变化。以上结果表明，"水量"评价准则的权重变化，在部分范围内会导致优先区空间分布的变化。将以上权重敏感性的模拟分析过程应用于所有评价准则，可得到不同级别优先区的像元数量和变化情况，如图 6-2 所示。

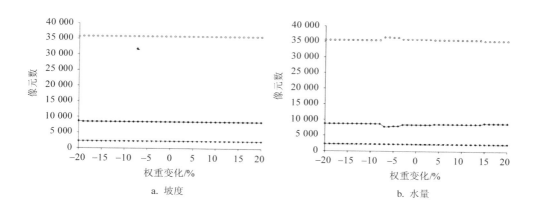

a. 坡度　　　　　　　　　　　　b. 水量

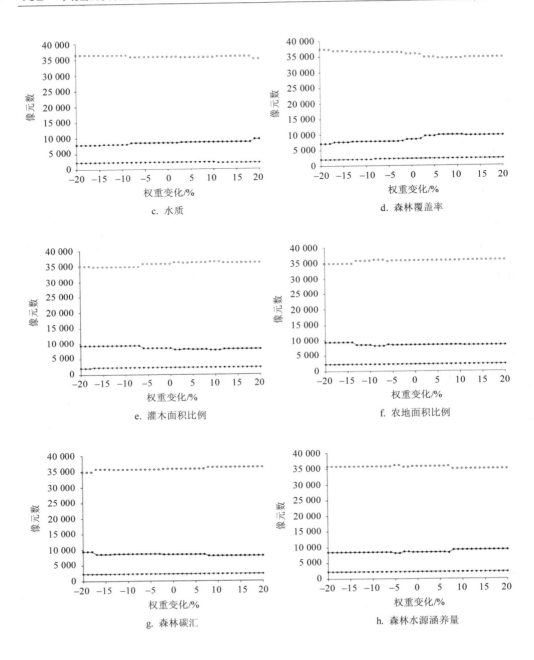

c. 水质

d. 森林覆盖率

e. 灌木面积比例

f. 农地面积比例

g. 森林碳汇

h. 森林水源涵养量

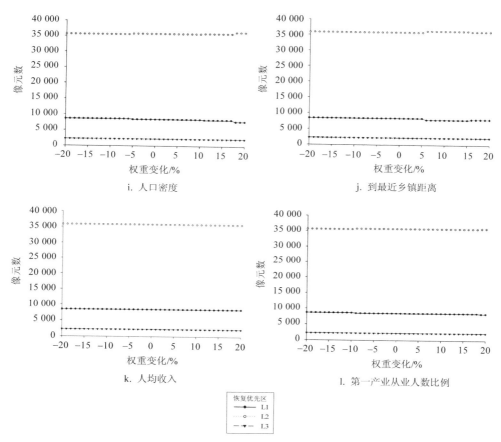

图 6-2 不同级别优先区随权重变化的像元数量

从图 6-2 可以初步得出如下结论：

● 所有 12 个评价准则的像元排列变化均发生在 L1 级和 L2 级之间，L3 级
  像元始终保持稳定，对权重变化不敏感。

● 森林覆盖率具有最高的权重敏感性；坡度、人均收入和第一产业从业人
  数比例 3 个准则的优先级像元数随权重几乎没有变化，权重敏感性为最
  低；其余准则的敏感性则介于最低和最高之间，表现出一定程度适中的
  敏感性。

- 权重敏感性最高的森林覆盖率 L1 的像元数与权重值大体成正比，随着森林覆盖率权重的增加，L1 的像元数也随之增加，即有越来越多的 L2 级像元转化为 L1 级，而 L2 像元变化则恰好相反。随着森林覆盖率权重的增加，二者的空间分布表现为，L1 区域增加，而 L2 区域减少。

- 坡度、人均收入和第一产业从业人数比例的 L1 级、L2 级优先区分布大体保持不变，表明上述 3 个准则权重的变化，对 L1 级、L2 级的像元排列无影响，进一步揭示出这 3 个准则像元的分布排列，独立于权重变化。

- L1 级和 L2 级对权重变化较为敏感，随准则权重变化，多数准则两个级别的像元排列都发生了明显的变化；而 L3 级则独立于准则权重变化，像元排列没有表现出变化。

从表 5-3 中可以看出，森林覆盖率的准则权重值（0.284 5）是 12 个评估准则里最高的，这意味着它对最后的决策结果有最大的影响。另外两个评估准则——灌木面积比例和农地面积比例，会对森林覆盖率产生一定程度的影响，较高的灌木面积比例或农地面积比例则意味着较低的森林覆盖率，这同样暗示了较高的森林景观恢复优先级，而灌木面积比例和农地面积比例的权重（0.156 5 和 0.075 4）较之其他权重，还是会对决策结果产生较大影响。因此，森林覆盖率在 12 个评估准则里具有最高的权重敏感性。

而与此相反的是，坡度、人均收入和第一产业从业人数比例 3 个评价准则，它们的准则权重值分别为 0.023 0、0.015 7 和 0.015 7，分别排在 12 个权重值里的最后三位，远低于森林覆盖率的准则权重值。这也表明上述准则对最终决策结果的影响较小，故表现出较低的权重敏感性，而其余评估准则的权重则介于最低和最高之间，它们的权重敏感性也相应地表现适中。结合图 6-2 得出的不同准则优先级像元数变化规律，除以上 3 个不敏感评价准则外，其余 9 个准则在不同权重变化百分比临界点时的优先区分布如图 6-3 所示。

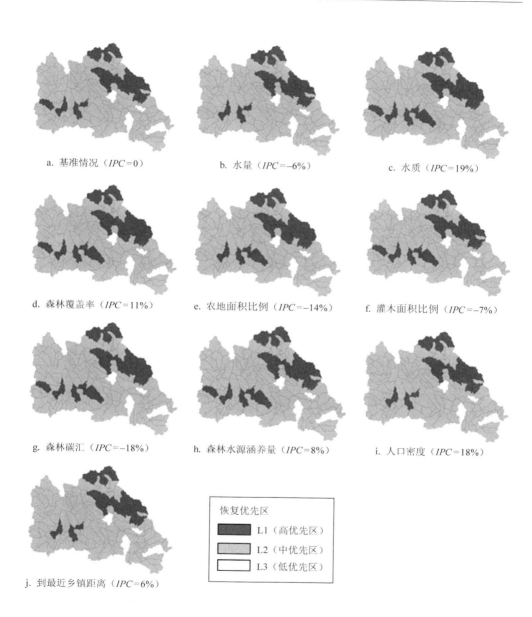

图 6-3　评估准则在不同权重变化百分比时的优先区分布

6.4　矩阵敏感性分析

根据 3.3.4 节提出的研究方法步骤，结合表 5-3 的配对比较矩阵结果来进行矩阵敏感性分析计算。因为配对比较矩阵有上半部分和下半部分互为倒数的特征，且对角线处的 CoC 和 CoR 为同一准则，所以矩阵敏感性分析只需对配对比较矩阵除去对角线的一半内容进行分析即可。下面以表 5-3 矩阵下半部分的水量（CoR）/坡度（CoC）为例，来说明矩阵敏感性分析过程，所有计算和模拟均在 AHP-SA 敏感性分析软件下完成（Chen et al.，2013）。

根据表 5-3，可以确定水量/坡度的研究对象，即基准比较分值为 7，同时设定变化半径为 5，从表 3-10 中可以看出，水量/坡度的比较分值将会有 8 种变化情况（含 1 种基准情况），由此可以得到变化后的准则权重，见表 6-3。

表 6-3　不同"水量/坡度"比较分值时的准则权重变化（$R=5$）

水量/坡度（IOI）	准则权重												排序变化
	$C1$	$C2$	$C3$	$C4$	$C5$	$C6$	$C7$	$C8$	$C9$	$C10$	$C11$	$C12$	
2	0.026 38	0.121 39	0.057 30	0.283 79	0.076 47	0.158 10	0.062 38	0.126 25	0.028 33	0.015 64	0.015 64	0.028 33	无
3	0.024 90	0.123 54	0.057 01	0.284 37	0.076 20	0.157 80	0.062 10	0.125 99	0.028 36	0.015 68	0.015 68	0.028 36	无
4	0.024 11	0.125 34	0.056 81	0.284 58	0.075 97	0.157 49	0.061 89	0.125 74	0.028 35	0.015 68	0.015 68	0.028 35	无
5	0.023 62	0.126 98	0.056 63	0.284 63	0.075 77	0.157 16	0.061 71	0.125 49	0.028 33	0.015 68	0.015 68	0.028 33	无
6	0.023 27	0.128 55	0.056 48	0.284 60	0.075 57	0.156 83	0.061 55	0.125 25	0.028 29	0.015 67	0.015 67	0.028 29	无
7	0.023 00	0.130 06	0.056 33	0.284 52	0.075 38	0.156 50	0.061 39	0.125 01	0.028 25	0.015 65	0.015 65	0.028 25	
8	0.022 78	0.131 53	0.056 20	0.284 42	0.075 19	0.156 18	0.061 24	0.124 77	0.028 21	0.015 63	0.015 63	0.028 21	无
9	0.022 60	0.132 98	0.056 06	0.284 30	0.075 01	0.155 85	0.061 10	0.124 54	0.028 17	0.015 61	0.015 61	0.028 17	无

注：$C1$——坡度；$C2$——水量；$C3$——水质；$C4$——森林覆盖率；$C5$——农地面积比例；$C6$——灌木面积比例；$C7$——森林碳汇；$C8$——森林水源涵养量；$C9$——人口密度；$C10$——人均收入；$C11$——第一产业从业人数比例；$C12$——到最近乡镇距离。

表 6-3 中，水量/坡度的比较分值 $IOI=7$ 代表基准情况，其余 7 个分值代表变化情况，以此建立新的配对比较矩阵，并全部通过一致性检验（$CR<0.1$），最终求得相应的准则权重。在此基础上，采用与 6.3 节相同的"立方卷积算法"对栅

格像元进行重采样，可以生成新的恢复优先区分布图，各个优先级的像元数和变化情况如表 6-4 所示，优先区空间分布如图 6-4 所示。

表 6-4 不同"水量/坡度"比较分值时的优先级像元数和变化情况（*R*=5）

水量/坡度（*IOI*）	像元数			像元变化			
	L1	L2	L3	L1->L1	L1->L2	L2->L1	L2->L2
2	7 843	36 406	2 243	7 843	604	0	35 802
3	7 843	36 406	2 243	7 843	604	0	35 802
4	7 960	36 289	2 243	7 960	487	0	35 802
5	7 960	36 289	2 243	7 960	487	0	35 802
6	8 447	35 802	2 243	8 447	0	0	35 802
7	8 447	35 802	2 243	8 447	0	0	35 802
8	8 447	35 802	2 243	8 447	0	0	35 802
9	8 447	35 802	2 243	8 447	0	0	35 802

注：L1——高优先区；L2——中优先区；L3——低优先区。

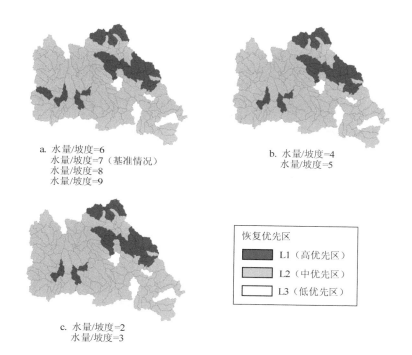

a. 水量/坡度=6
   水量/坡度=7（基准情况）
   水量/坡度=8
   水量/坡度=9

b. 水量/坡度=4
   水量/坡度=5

c. 水量/坡度=2
   水量/坡度=3

恢复优先区

■ L1（高优先区）
▨ L2（中优先区）
□ L3（低优先区）

图 6-4 不同"水量/坡度"比较分值时的优先区空间分布

从图 6-4 中可以看出，随着水量/坡度的比较分值从基准情况开始沿变化半径变化，L1 级和 L2 级优先区的空间分布发生小范围变化，但大体保持稳定，即 L1 级和 L2 级的栅格像元排列大体保持不变，只有少数发生变化，而 L3 级的空间分布则无变化，这与 6.3 节得出的各个准则的敏感性特点一致。在该研究对象的 8 次模拟运算中，L1 级和 L2 级间最显著的变化发生在水量/坡度≤3 时，这与表 6-4 中得出的像元变化也是一致的。

为了比较配对比较矩阵中全部 66 个研究对象，可通过比较栅格像元变化率，来了解不同研究对象随配对比较分值变化的敏感性，其中，栅格像元总体变化率可通过式（6-1）求得：

$$Overall\ CRate = \sum_{i=1}^{n} \left| \frac{C_i - C\_Baserun_i}{C\_Baserun_i} \right| \tag{6-1}$$

其中，$Overall\ CRate$ 为像元数总体变化率；i 为不同适宜性级别（配对比较分数，IOI）对应的索引序号；C_i 为模拟运算后，序号 i 对应的适宜性级别的栅格像元数量；$C\_Baserun_i$ 是序号 i 对应的适宜性级别，在基准情况下的栅格像元数量。该变化率在[0, 1]之间变化，值越大，说明变化程度越高。

根据模拟运算后准则排序是否发生变化，於家等（2014）提出采用式（6-2）对像元数总体变化率进行校正：

$$Overall\ CRate = \sum_{i=1}^{n} \left| \frac{C_i - C\_Baserun_i}{C\_Baserun_i} \times OC \right| \tag{6-2}$$

其中，OC 为准则排序是否发生变化的加权参数。若排序发生变化，设 $OC=1.2$；若排序无变化，设 $OC=1$。在此基础上可以进一步得到像元数平均变化率，如式（6-3）：

$$Average\ CRate = \sum_{i=1}^{n} \left| \frac{C_i - C\_Baserun_i}{C\_Baserun_i} \times OC \right| / L \tag{6-3}$$

其中，$Average\ CRate$ 为像元数平均变化率；L 为恢复优先级的数量。由此，可以得到各个研究对象随适应性级别变化的像元数平均变化率情况，如图 6-5 所示。

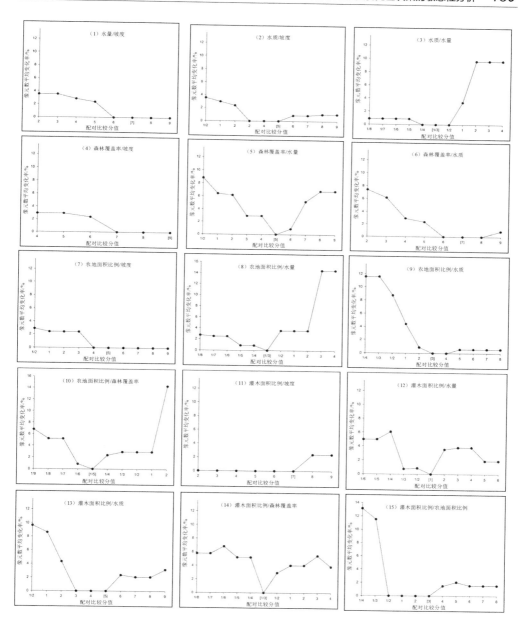

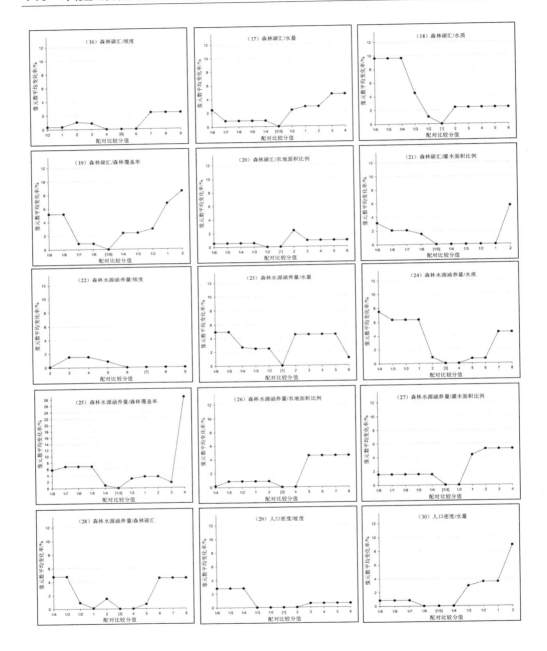

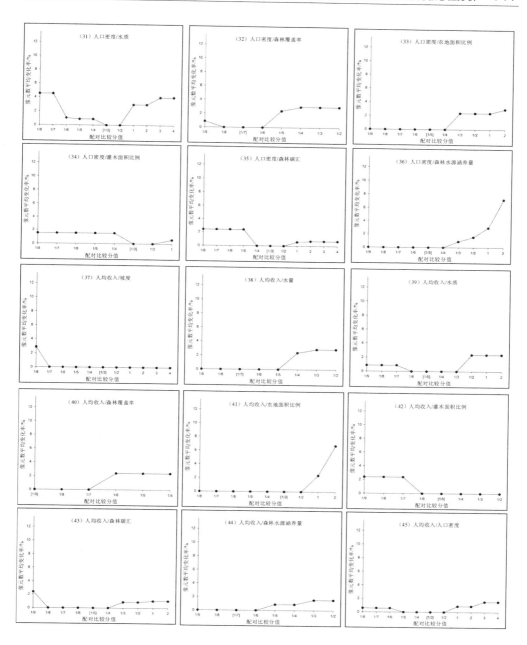

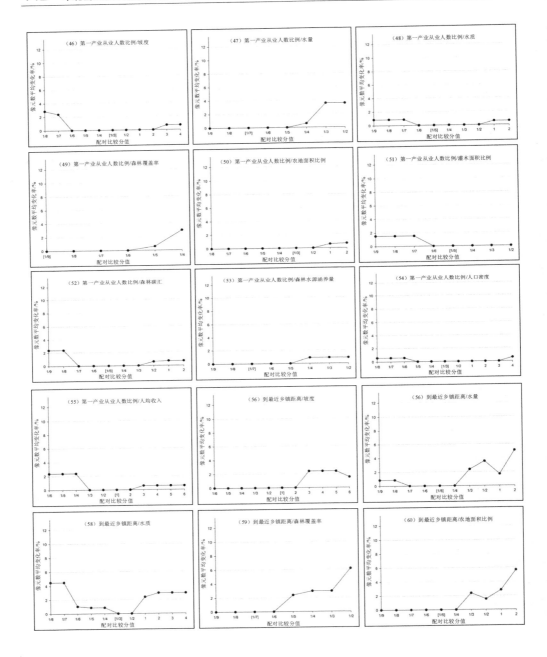

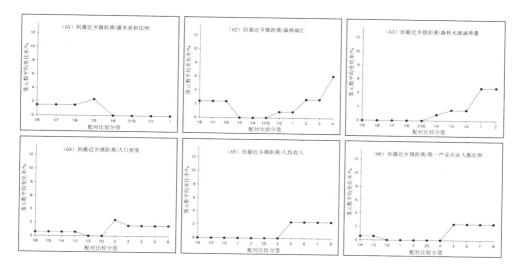

图 6-5　各个研究对象随适应性级别变化的像元数平均变化率

对图 6-5 进行观察分析后，可以初步得出如下结论：

- 若配对比较分值在基准情况附近变化时，栅格像元发生了较为剧烈的变动，则对该研究对象要给予足够重视，进行谨慎取值，如灌木面积比例/森林覆盖率的 1/3 处[图 6-5（14）]，农地面积比例/水质的 2 处[图 6-5（9）]和森林水源涵养量/水量的 1 处[图 6-5（23）]等。

- 绝大多数研究对象的优先级像元变化发生在 L1 级和 L2 级之间，少数同时发生在 L1 级、L2 级和 L2 级、L3 级之间，而 L1 级和 L3 级之间没有像元变化，显示出像元变化仅发生在相邻优先级之间，且恢复优先区（L1 级和 L2 级）大体保持稳定。

- 在全部的研究对象（CoR/CoC）中，自然生态类准则（坡度、水量、水质、森林覆盖率、农地面积比例、灌木面积比例、森林碳汇、森林水源涵养量）的敏感性明显高于社会经济类准则（人口密度、到最近乡镇距离、人均收入、第一产业从业人数比例）的敏感性，这是由于自然生态类准则具有较高准则权重的缘故。

- 社会经济类准则的低敏感性，显示出森林景观恢复优先区的像元排列与该类准则关联不大，在一定权重变化范围内，像元排列甚至可能独立于准则。

- 水量和水质[图 6-5（1）和（2）、图 6-5（5）和（6）、图 6-5（12）和（13）等]、森林碳汇和森林水源涵养量[图 6-5（16）和（22）、图 6-5（18）和（24），图 6-5（19）和（25）等]、人口密度和到最近乡镇距离[图 6-5（30）和（57）、图 6-5（31）和（58）、图 6-5（32）和（59）]、人均收入和第一产业从业人数比例[图 6-5（37）和（46）、图 6-5（38）和（47）、图 6-5（39）和（48）]均具有较为相似的敏感性分布特点，显示出这些准则在多准则空间决策中承担着相似其至相同的作用。

- 森林覆盖率/水量[图 6-5（5）]、农地面积比例/水量[图 6-5（8）]、农地面积比例/森林覆盖率[图 6-5（10）]、灌木面积比例/农地面积比例[图 6-5（15）]、森林水源涵养量/森林覆盖率[图 6-5（25）]，这些权重较高的准则组成的研究对象，具有较高的敏感性。因此，在空间多准则决策中，对于一些关键准则的配对比较分数和变化半径，必须要经过仔细研究后慎重定义。

为了评价每组模拟结果（对应图 6-5 的每张子图）的总体敏感性，可通过式（6-4）来求得总体敏感性指数（於家等，2014），以确定敏感性最高的研究对象。

$$Total\ Sensitivity\ Index_{IJ} = \sum_{i=1}^{Count(IOI)} \frac{Overall\ Change\ Rate\left[I,J,IOI(i)\right]}{1+\ln|Index_{CEV} - Index_{B}|} / Count(IOI)$$

（6-4）

其中，I 和 J 为研究对象所在矩阵的行号和列号；$Count$（IOI）为变化半径范围内比较分值（IOI）的数量；$Index_{CEV}$ 和 $Index_{B}$ 分别为当前分值（CEV）和初始分值（Base_EV）所对应的索引序号。各个研究对象的总体敏感性指数计算结果见表 6-5。

表 6-5 森林景观恢复决策准则对象的总体敏感性指数

准则	坡度	水量	水质	森林覆盖率	农地面积比例	灌木面积比例	森林碳汇	森林水源涵养量	人口密度	人均收入	第一产业从业人数比例	到最近乡镇距离
坡度												
水量	0.021 0											
水质	0.018 0	0.043 5										
森林覆盖率	0.017 5	0.071 1	0.032 8									
农地面积比例	0.013 9	0.064 2	0.049 0	0.064 5								
灌木面积比例	0.014 2	0.047 2	0.045 9	0.074 0	0.039 8							
森林碳汇	0.014 4	0.033 3	0.062 3	0.051 8	0.014 1	0.021 7						
森林水源涵养量	0.007 1	0.056 8	0.047 9	0.086 2	0.029 0	0.037 2	0.032 8					
人口密度	0.012 8	0.028 7	0.032 2	0.021 3	0.014 0	0.017 6	0.015 4	0.015 7				
人均收入	0.003 0	0.012 8	0.012 9	0.015 2	0.015 3	0.013 2	0.008 2	0.006 1	0.007 8			
第一产业从业人数比例	0.007 2	0.010 6	0.005 2	0.005 6	0.002 2	0.008 5	0.008 8	0.004 1	0.002 6	0.011 2		
到最近乡镇距离	0.011 2	0.019 5	0.029 0	0.024 0	0.016 4	0.012 5	0.025 0	0.018 8	0.017 1	0.012 1	0.013 4	

从表 6-5 中可以看出，森林水源涵养量/森林覆盖率具有最高的总体敏感性指数（0.086 2），此外，与森林覆盖率、水量、农地面积比例和灌木面积比例有关的总体敏感性指数相比其他较高，而人口密度、人均收入、第一产业从业人数比例

和到最近乡镇距离等社会经济准则的总体敏感性指数则明显较低，这点与图 6-5 中得出的结论一致，显示出在未来的森林景观恢复决策中，应从主要恢复目标出发，重点考虑土地利用和水文等自然生态因素。

6.5　小结

本研究采用决策权重法和矩阵法，对密云水库流域森林景观恢复优先级的空间多准则决策进行敏感性分析，初步得出如下结论：

（1）各个决策准则表现出不同程度的敏感性。自然生态类准则（坡度、水量、水质、森林覆盖率、农地面积比例、灌木面积比例、森林碳汇、森林水源涵养量）的敏感性明显高于社会经济类准则（人口密度、到最近乡镇距离、人均收入、第一产业从业人数比例），这是由于自然生态类准则具有较高准则权重的缘故，显示出自然环境因素对于森林景观恢复决策的重要性。

（2）OAT 敏感性分析发现，森林景观恢复优先区（L1 级和 L2 级）和非优先区（L3 级）大体保持稳定，随着准则权重或配对比较分值的变化，它们之间极少相互转化，表明密云水库潮白河流域上游地区具有较高的森林景观恢复优先级，这一空间决策结果较为稳健，对恢复工作实践具有很强的指导意义。

（3）无论是决策权重法，还是矩阵法，对于准则权重或配对比较分值的微小变化对像元排列产生较大影响的准则，如本研究中的土地利用方式、水文特征准则，在空间多准则决策中要给予高度的关注，必须更加审慎地研究确定它们的准则权重。

（4）结合 GIS 的 OAT 敏感性分析方法，具有可视化、降低数据冗余、提高模拟运算速度，以及能够辅助快速决策等优点，它向决策者提供了一个全新的视角来观察森林景观恢复优先区结果的稳定性，以减少决策的不确定性影响，丰富了决策方法的技术内容，提升了决策结果的可靠性，扩展了 GIS 技术在空间多准则决策中的应用，值得在今后的工作中大力推广。

7 采用模拟退火优化算法的森林景观恢复策略研究

  土地利用变化主要受人类活动影响，是生态系统服务功能变化的重要驱动力，因此，可以通过设计、调整以土地利用为核心的生产活动，来改变生态系统类型、格局和生态过程，进而改善生态系统服务功能（Bennett et al.，2009；Zheng et al.，2016；李屹峰等，2013）。多年来，土地利用变化一直是生态学、自然地理学、林学等多个学科研究的热点，随着生态系统服务概念的提出，土地利用变化对生态系统服务的影响问题也日益受到广泛关注（Daily et al.，2009；余新晓等，2010）。目前，土地利用变化对生态系统服务的定量影响问题，已成为跨学科研究的热点（Baskent & Jordan，2002；Karahali□l et al.，2009；Carpenter et al.，2009；Daily et al.，2009；Nelson et al.，2009；Tallis & Polasky，2009；Polasky et al.，2011；Goldstein et al.，2012；Borges et al.，2014；Zheng et al.，2016；夏兵，2009；王彦阁，2010；余新晓等，2010；夏兵等，2011；李屹峰等，2013；王大尚等，2014）。

  改善生态系统服务的关键在于土地调控和管理措施，根据不同的管理目标，设计相应的管理活动措施，能够实现所需的主要生态系统服务，同时能有效平衡其他多种生态系统服务，促进其协同发展（Bennett et al.，2009）。例如，Zheng 等（2016）提出，2000—2009 年，随着密云水库流域森林和建设用地增加，生态系统的产水和水质净化功能在逐渐下降。因此，提出建设草本河岸缓冲带的措施，通过该措施，可以有效改善产水、水质净化、土壤保持和农业生产四种生态系统服务功能，实现多种生态系统服务功能的协同发展。由此可见，在明确地类和管理措施变化对生态系统服务功能影响的基础上，决策者能够更好地理解生态过程与结构间的关系，从而可以通过制定合理的土地管理方案来实现可持续的生态系统管理（Carpenter et al.，2009；Daily et al.，2009）。具体来说，土地管理方案就是通过土地管理策略空间、时间配置的变化，实现在景观尺度上对生态格局和过程的管理（Prato，2000）。

因此，本研究以生态系统服务和管理理论为指导，以密云水库流域承德市滦平县于营子林场为例，探讨人工智能模拟退火优化算法在生态系统管理中的应用，根据森林碳汇和木材生产等不同生态系统管理目标，研究制定在立地尺度上的土地管理方案（森林经营方案），为土地、森林等自然资源的优化利用决策提供定量支持，实现密云水库流域多种生态系统服务的协同发展。

7.1　研究区概况

于营子林场位于密云水库潮河流域，承德市滦平县西南部马营子乡境内，与北京市密云区交界，属燕山山脉。地理坐标为东经116°56′54″至117°03′03″，北纬40°41′24″至40°44′44″。林场距滦平县城50 km，距北京市市中心150 km，距首都机场105 km，距京承高速公路50 km，距京通铁路南大庙站5 km，距承德100 km，地理位置优越（图7-1）。

于营子林场位于密云水库八什汉川和马营子川子流域，根据第6章中等保护风险条件下的森林景观恢复优先区划分结果，这两条子流域分别属于低、高优先恢复级别。总体来看，该林场具有较高的生态重要性和森林景观恢复优先级别，如图7-2所示。

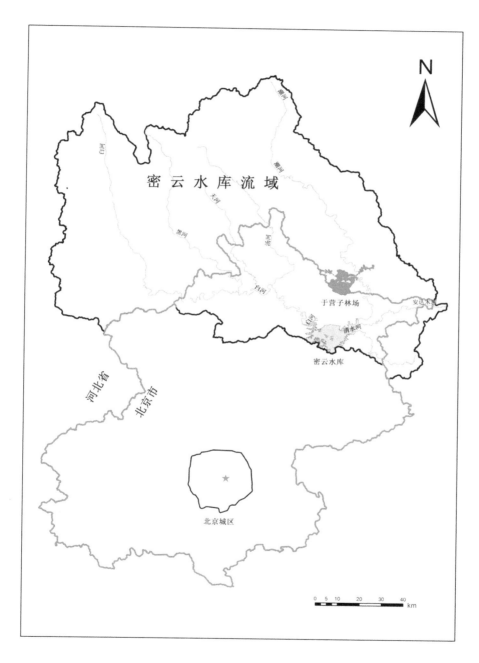

图 7-1 于营子林场位置

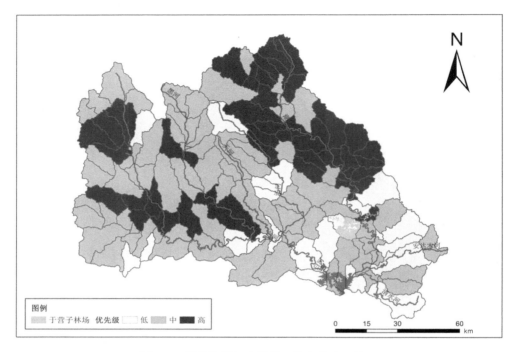

图 7-2 于营子林场森林景观恢复优先区位置

于营子林场成立于 1958 年 5 月，为承德市滦平县国有林场管理处管辖的市属国有林场。林场总面积 8 085.23 hm²，其中有林地面积 6 427.04 hm²，森林覆盖率达 79.49%。林场拥有较为丰富的天然林资源，分布有紫椴、人参、野大豆、胡桃楸等多种国家珍稀植物。经过多年努力，于营子林场的森林资源较成立时，无论在数量还是质量方面，都有了很大提升，但是仍存在一些问题，具体表现为：

1）生态系统服务功能偏低

从林分起源来看，尽管于营子林场天然林面积达 5 991.42 hm²，占林场有林地面积的 77.87%；同时从林地类型来看，乔木林占林场总面积的 79.49%；但从龄级来看，林场中幼龄林面积为 5 490.84 hm²，占林场有林地面积的 85.43%。由此可见，以中幼龄林为主的于营子林场的森林水源涵养量、森林碳汇等生态系统服务功能都十分有限。

2）经济可持续性前景堪忧

为保障京津地区生态安全，2016 年 2 月 18 日，承德市人民政府下发了《承德市停止天然林商业性采伐任务实施方案》，全面停止全市 79.89 万 hm² 的天然林商业性采伐任务。这对于于营子林场这样以天然林为主的林场来说，经济影响是显而易见的。目前，承德市国有林场改革正在进行当中，虽然全市林场都已明确为以提供水源涵养、防风固沙等生态服务为主的生态公益型林场，但大部分国有林场的机构属性并未完全明确，这直接关系到林场的财政保障和职工生计问题。因此，在此背景下，于营子林场的生产经营和经济可持续性受到一定程度影响。

7.2　研究模型构建

本研究采用人工智能模拟退火算法，以得到不同经营目标下的近似最优解。参考密云水库流域生态系统服务的有关研究成果（Zheng et al.，2016；李屹峰等，2013；王大尚等，2014），结合本研究实际情况，特提出将森林碳汇和木材生产两种生态系统服务作为森林经营（土地管理）目标，据此制定相应的管理策略。模拟退火算法模型通常包括 4 个要素：森林模型、目标函数、转换方案和控制参数（Baskent & Jordan，2002）。

7.2.1　森林模型

总体来看，森林模型采用一些相关的数据文件来描述森林景观的整体情况，包括小班属性信息、空间位置、森林经营措施以及一些针对森林经营措施的事先安排等。小班属性信息主要来自省级森林资源二类调查数据，以 .shp 格式存储于 ArcGIS 10.2 中，具体包括树种、面积、林龄、土壤厚度、林分演替阶段等信息。对于模拟退火优化模型来说，小班属性数据文件实际上代表了一个初始解（Baskent & Jordan，2002）。

无论采用哪种森林经营目标,森林演替数据(演替阶段和林龄)都是选择和配置经营措施必须要考虑的,因为经营措施是随林龄的变化而变化的。森林经营措施数据则列出所有措施类型,并描述它们适用的林龄或演替阶段以及它们的单位成本(元/hm^2)。

以下将从具体经营目标出发,详细介绍不同经营目标下的森林模型。

7.2.1.1 森林碳汇模型

森林碳汇量由地上碳汇量、地下碳汇量、木产品、枯死木、枯落物、土壤有机碳 6 部分碳库构成。一般来说,基于成本有效性原则,可以忽略除地上碳汇量、地下碳汇量以外的其他碳库(国家林业局,2008),而本研究需要考虑木材生产与森林碳汇之间的相互影响,故保留了木产品碳库。因此,森林碳汇可表示为

$$C_{total} = \sum_{i=1}^{n}\sum_{j=1}^{n}\sum_{k=1}^{n}\sum_{t=1}^{n} C_{trees_{on},i,j,k,t} + C_{trees_{under},i,j,k,t} + C_{wood,i,j,k,t} \tag{7-1}$$

其中,C_{total} 为总的森林碳汇量(t);$C_{trees_{on},i,j,k,t}$ 为第 i 个小班的第 j 个树种 k 林龄第 t 年时的地上碳汇量(t);$C_{trees_{under},i,j,k,t}$ 为第 i 个小班的第 j 个树种 k 林龄第 t 年时的地下碳汇量(t);$C_{wood,i,j,k,t}$ 为第 i 个小班的第 j 个树种 k 林龄第 t 年的木产品碳汇量(t);i,j,k,t 分别为小班、树种、林龄和年份。对于木产品碳汇量 $C_{wood,i,j,k,t}$ 来说,可根据实际采伐量直接求得;对于其他两项,则采用生物量扩展因子法(Biomass Expansion Factor,BEF)求得,即

$$C_{trees_{on},i,j,k,t} = \sum_{i=1}^{n}\sum_{j=1}^{n}\sum_{k=1}^{n}\sum_{t=1}^{n} V_{i,j,k,t} \times WD_j \times BEF_j \times CF_j \times A_{i,j,k} \tag{7-2}$$

$$C_{trees_{under},i,j,k,t} = \sum_{i=1}^{n}\sum_{j=1}^{n}\sum_{k=1}^{n}\sum_{t=1}^{n} C_{trees_{on},i,j,k,t} \times R_{j,k} \tag{7-3}$$

其中,$V_{i,j,k,t}$ 为第 i 个小班的第 j 个树种 k 林龄第 t 年时的单位面积蓄积(m$^3\cdot$hm^2);WD_j 为 j 树种平均木材密度(t·m^3);BEF_j 为将 j 树种地上部分蓄积量转换为生物量的生物量扩展因子(无单位);CF_j 为 j 树种的平均含碳率(%);$A_{i,j,k}$ 为第 i 小班的第 j 个树种 k 林龄时的面积(hm^2);$R_{j,k}$ 为 j 树种 k 林龄时的林分生

物量根茎比（地下生物量与地上生物量之比，无单位）。

其中，BEF 反映了树种（林分）的生物量与蓄积量之间的一种最优的函数关系。在单株木水平上，《IPCC 中国初始国家信息通报》（2004）提供了 30 种中国常见树种的 BEF。在林分水平上，《IPCC 国家温室气体清单指南：农业、林业和其他土地利用》（Watson et al.，2000）提供了全球各个气候带 7 种森林类型的 BEF 值；陈遐林（2003）推算了华北 5 种主要森林类型的林分 BEF 值的理论变化范围；甘敬（2008）进一步采用实地数据，对北京山区 18 种主要森林类型（含灌木层）的生物量与蓄积量（灌木层为高度）进行拟合，拟合结果表明二者之间存在显著相关。本研究的 BEF 参数主要采用华北和北京地区的相关研究成果。此外，WD_j、CF_j 和 $R_{j,k}$ 参数值均可通过查找《IPCC 国家温室气体清单指南：农业、林业和有关土地利用》和有关研究文献来获得。

由以上可见，计算地上碳汇量和地下碳汇量的关键是计算单位面积蓄积（$V_{i,j,k,t}$）。通常根据小班调查的林木胸径（DBH）和树高（H），利用一元或二元立木材积公式得到单株木材积（V），具体如式（7-4）所示：

$$V_{i,j,k,t} = \sum_{i=1}^{n} \sum_{j=1}^{n} \sum_{k=1}^{n} \sum_{t=1}^{n} f_j \left(DBH_{i,j,k,t}, H_{i,j,k,t} \right) \times N_{i,j,k,t} \qquad (7\text{-}4)$$

其中，f_j 为 j 树种的蓄积方程（$m^3 \cdot$ 株$^{-1} \cdot hm^2$），罗云建等（2013）和《森林经营碳汇项目方法学》（国家林业局，2014）提供了全国主要人工林树种的蓄积方程；$DBH_{i,j,k,t}$ 和 $H_{i,j,k,t}$ 分别为第 i 个小班的第 j 个树种 k 林龄第 t 年时的平均胸径和树高；$N_{i,j,k,t}$ 为第 i 个小班的第 j 个树种 k 林龄第 t 年时的株数。

此外，生物量异速生长方程法也常用于计算森林碳汇量。该法按全树或林木不同部位（根、干、枝、叶）直接对林木生物量与胸径和（或）树高进行拟合，形成不同树种的生物量异速生长方程，如式（7-5）所示：

$$C_{trees_{on},i,j,k,t} = \sum_{i=1}^{n} \sum_{j=1}^{n} \sum_{k=1}^{n} \sum_{t=1}^{n} F_j \left(DBH_{i,j,k,t}, H_{i,j,k,t} \right) \times CF_j \times N_{i,j,k,t} \times A_{i,j,k} \qquad (7\text{-}5)$$

其中，F_j 为 j 树种的生物量异速生长方程（$t \cdot$ 株$^{-1} \cdot hm^{-2}$），《造林项目碳汇

计量与监测指南》（国家林业局，2008）提供了全国优势树种（组）的异速生长方程；其他符号与前面的定义相同。在此基础上，根据式（7-3）可求得地下部分的碳汇量，从而得到总的森林碳汇量。本研究根据具体树种参数的匹配情况，两种方法共同结合使用。

7.2.1.2　木材生产模型

木材生产经营目标追求的是木材的最大产量，以及木材产量的平均供应（尽量减少不同阶段的变动），因此，木材生产模型主要采用式（7-4）计算林分蓄积，与森林碳汇模型中的蓄积计算相同。此外，前面提到的储存小班属性信息的.shp文件，也反映了小班的空间位置信息和彼此间的邻接特征。从森林可持续经营和生态系统服务提供的角度来看，应对采伐地块大小和毗邻性做出明确限制，这在加拿大等国已有明确的法律规定（刘莉等，2011），我国虽未有明确规定，但应在编制森林经营方案时加以考虑。

7.2.2　目标函数

一个目标函数包括多个由线性或非线性模型描述的具体经营目标，而每个经营目标又有相应不同的约束条件，如木材生产要考虑到计划采伐量与实际采伐量的差距，还要考虑不同年份之间的产量波动。因此，每个经营目标函数都由规划目标减去相应的惩罚值（Penalty Value）构成，所有经营目标函数之和构成总的目标函数。若目标函数值为 0，则意味着所有经营目标都得到实现；若不为 0，则模拟过程将继续进行，直到得到近似优化解。在目标函数值为 0（最佳情况），或者其他预先设定的目标函数值达到后，整个模拟过程会停止。

对于本书研究问题，包含多种生态系统管理目标的目标函数定义如下：

$$\min\left(E_0\right) = \sum_{k=1}^{n} w_k F_k \tag{7-6}$$

其中，E_0 为目标函数值；w_k 为第 k 个经营目标的权重系数；F_k 为第 k 个经营目标函数。显然，求解目标函数 E_0 的关键在于如何定义经营目标函数 F_k，为此，将本研究不同经营目标函数定义如下。

7.2.2.1 森林碳汇目标函数

对于森林碳汇经营目标，主要考虑规划森林碳汇量与实际各地块森林碳汇量之间的差距，经营目标函数起到控制规划与实际之间偏差的作用。该经营目标函数定义为

$$F_1 = \sum_{i=1}^{periods} \left| G_i - \sum_{j=1}^{stands} S_{ij} \right| \qquad （7\text{-}7）$$

其中，G_i 为第 i 年的规划森林碳汇量；S_{ij} 为在第 i 年内第 j 小班的森林碳汇量。

7.2.2.2 木材生产目标函数

对于木材生产，除需要考虑采伐量外，还需要考虑收获的长期可持续性，因此，针对木材生产的经营目标函数可定义为如下几部分：

$$F_2 = \sum_{i=1}^{periods} \left| T_i - \sum_{j=1}^{stands} V_{ij} \right| \qquad （7\text{-}8）$$

其中，T_i 为第 i 年的规划木材采伐量；V_{ij} 为在第 i 年内第 j 小班上的设定木材采伐量。显然，经营目标函数 F_2 起到控制各地块设定木材采伐量与总的规划木材采伐量 T_i 间偏离程度的作用，理想状态下，二者相等，即差为 0 最好。

$$F_3 = \sqrt{\sum_{i=1}^{periods} f_h \left(T_i - \sum_{j=1}^{stands} V_{ij} \right)^2} \qquad （7\text{-}9）$$

其中，f_h 为一个惩罚值函数，它由每一经营周期的 T_i 和 V_{ij} 差的平方决定，具体关系如图 7-3 所示。F_3 实际上为偏离目标产量的方差，这样一来，当某一年的采伐量出现波动时，经 f_h 函数处理，可以让 F_3 惩罚值呈非线性指数形式变化，以实现偏差最小。F_3 表明了不同年份内木材产量的波动程度，从木材可持续生产利用的角度来讲，笔者希望木材产量在不同年份能够尽可能保持不变。

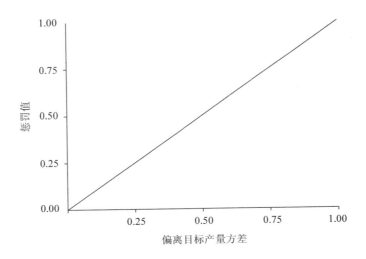

图 7-3   惩罚值与偏离目标产量方差的关系

$$F_4 = \left(\frac{1 + HV}{hb} \right) \sum_{i=1}^{periods} \sum_{j=1}^{op} f_a \left(B_{ij} \right)$$ （7-10）

其中，f_a 为针对采伐地块大小限制的惩罚函数；B_{ij} 为第 i 阶段采伐地块 j 的面积；HV 为地块总数；hb 为符合采伐条件（面积位于一定区间内）的地块数量（Baskent & Jordan，2002）。F_4 实际上起到控制偏离采伐地块大小限制的作用，因为在森林可持续经营的采伐工作中，为了降低采伐成本，通常尽可能地集中连片采伐多个小班，但无论地块集中连片过大还是过小，都会对可持续经营目标和其他生态系统服务造成不利影响。因此，结合实际工作情况，通常会设定一个合理的面积区间，采伐地块面积位于区间内时，惩罚值为 0；而低于或超出这个区间，都会引起惩罚值，随着超出范围的加大，惩罚值也进一步加大，本研究设定这一区间为 20～50 hm^2，如图 7-4 所示。

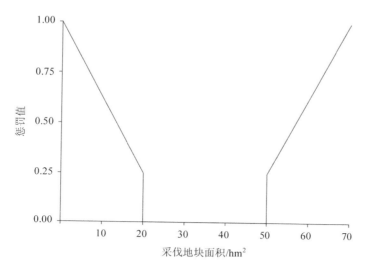

图 7-4 惩罚值与采伐地块面积的关系

$$F_5 = \left(\frac{1+OV}{op}\right)\sum_{i=1}^{periods}\sum_{j=1}^{op} f_b\left(O_{ij}\right) \qquad (7\text{-}11)$$

其中，f_b 为针对待采伐地块毗邻性（Adjacency）的惩罚函数；O_{ij} 为第 i 阶段待采伐地块 j 的面积；OV 为地块总数；op 为符合采伐条件（面积小于一定标准）的地块数量（Baskent & Jordan，2002）。

F_5 实际上起到控制待采伐地块的毗邻延迟约束偏差（Deviation from the Adjacency Delay Constraint）的作用，因为在规划森林采伐时，可能无法一次完成所有采伐，需要将一些符合条件的林地延迟采伐，这就是待采伐地块，这时就需要对待采伐地块做出明确计划。待采伐地块同样也要集中连片，但是若集中连片过大，又可能会造成资源浪费，对森林可持续经营目标产生不利影响。因此，结合实际工作情况，通常会设定一个集中连片待采伐面积的上限，待采伐地块面积小于上限时，惩罚值为 0；而大于上限时，会引起惩罚值，随着面积的扩大，惩罚值也进一步加大，本研究设定这一上限为 50 hm²，如图 7-5 所示。

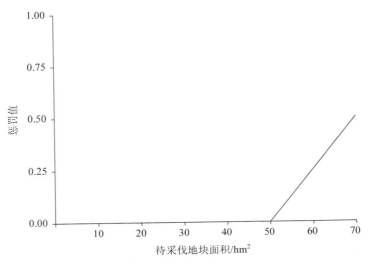

图 7-5　惩罚值与待采伐地块面积的关系

对于木材生产来讲，必须考虑木材生产过程中的经济收入和支出问题。对于木材经济收入，可定义目标函数如下：

$$TValue = \sum_{i=1}^{periods} \sum_{j=1}^{stands} V_{ij} \times TPrice_{ij}$$　　　　　（7-12）

其中，$TValue$ 为木材采伐总经济收入（元）；$TPrice_{ij}$ 为第 i 年第 j 小班的木材销售价格（元/m³）。

对于木材采伐运输成本，可通过下式计算：

$$TCost = \sum_{i=1}^{periods} \sum_{j=1}^{stands} \left(LCost_{ij} + PCost_{ij} \right)$$　　　　　（7-13）

其中，$LCost_{ij}$ 和 $PCost_{ij}$ 分别为第 i 年第 j 小班的木材采伐成本和运输成本。

这样，木材生产的经济效益可表示为

$$F_6 = TValue - TCost$$　　　　　（7-14）

此外，从森林可持续经营的角度来看，必须要针对不同树种考虑采伐龄级，以防止过度采伐中幼龄林而对森林资源造成破坏。这里通过惩罚函数来描述理想的采伐龄级结构，即森林经营管理措施后希望实现的目标，具体惩罚函数定义如下（刘莉等，2011）：

$$F_7 = \sum_{i=1}^{periods} \sum_{j=1}^{species} \sum_{s=1}^{age} \left(1+WL_j\right)\left(1+WS_{js}\right)\left|A_{js} - A'_{js}\right| / A_{js} \tag{7-15}$$

其中，WL_j 为树种 j 的权重，且 $0<WL_j<1$；WS_{js} 为树种 j 龄级 s 的权重，且 $0<WS_{js}<1$；A_{js} 和 A'_{js} 分别为树种 j、龄级 s 在某一年内的规划面积和实际面积。通过惩罚函数（限制条件）F_7 可以有效控制采伐龄级出现的偏差，实现森林可持续经营目标。

7.2.2.3 营林成本目标函数

无论以上何种经营目标，营林成本也是一个必须要考虑的约束条件。对于营林成本，需要在满足不同经营效益的前提下，降低营林成本，保证实际支出不超预算，因此，目标函数可以定义如下：

$$F_8 = \sum_{i=1}^{periods} \left| MCost_i - MCost'_i \right| \tag{7-16}$$

其中，$MCost_i$ 和 $MCost'_i$ 分别为第 i 年内的营林预算和实际支出。

综上所述，在考虑各经营目标函数的基础上，式（7-6）的目标函数可进一步细化如下：

$$\min\left(E_0\right) = w_1F_1 + w_2F_2 + w_3F_3 + w_4F_4 - w_5F_5 + w_6F_6 \tag{7-17}$$

需要注意的是，对于函数 F_5，只定义了它的理想状态，目的是尽快达到目标，所以它的符号为负。显然，这里各个函数单位不一致，无法直接计算比较，针对此种情况，刘莉等（2011）提出，每一次迭代运算时，用各目标函数迭代值分别与各目标函数的初始值相除，以消除不同单位的影响。因此，式（7-17）可进一步调整为

$$\min\left(E_0\right)=\frac{w_1F_1}{F_{10}}+\frac{w_2F_2}{F_{20}}+\frac{w_3F_3}{F_{30}}+\frac{w_4F_4}{F_{40}}-\frac{w_5F_5}{F_{50}}+\frac{w_6F_6}{F_{60}} \qquad (7\text{-}18)$$

其中，$F_{10}\sim F_{60}$ 表示各目标函数初始值。显然，此式可以根据不同的经营目标（森林碳汇、木材生产、水源涵养等）灵活调整，酌情增减项。

7.2.3 转换方案

根据研究方法的介绍，迭代运算以一个初始值开始，基于不同小班和经营年度，选择一个随机状态，经过内、外循环后，生产一个新的目标函数值，表示如下：

$$E_2=E_1+\sum_{k=1}^{7}\Delta F_k \qquad (7\text{-}19)$$

其中，E_1 和 E_2 分别为旧的目标函数值和新的目标函数值；ΔF_k 为两次迭代产生的目标函数之差。当 $\Delta F_k\geqslant 0$ 时，E_1 的表现优于 E_2，迭代运算将继续进行，来寻找近似优化解；而当 $\Delta F_k<0$ 时，E_2 的表现优于 E_1，接受 E_2 为近似优化解。下面，以理想的单一木材生产经营目标为例，来说明 ΔF_k 的生成过程（Baskent & Jordan，2002）。

$$\Delta F_1=\sum_{i1=1}^{periods}\left|T_{i1}-\left(A_{i1}-V_{ji1}\right)\right|-\left|T_{i1}-A_{i1}\right|+\sum_{i2=1}^{periods}\left|T_{i2}-\left(A_{i2}+V_{ji2}\right)\right|-\left|T_{i2}-A_{i2}\right| \qquad (7\text{-}20)$$

其中，T_{i1}、T_{i2} 分别为 $i1$、$i2$ 采伐周期的设计采伐量；A_{i1}、A_{i2} 分别为 $i1$、$i2$ 采伐周期的实际采伐量；V_{ji1}、V_{ji2} 分别为 $i1$、$i2$ 采伐周期时，在第 j 小班内开展抚育经营措施后得到的立木蓄积。从式（7-20）中可以看出，ΔF_1 实际上反映了 $i1$、$i2$ 阶段的 V_{ji} 之差，若 $V_{ji1}>V_{ji2}$，则表明方案 1 的表现优于方案 2，需要进一步求解 Metropolis 概率来确定方案 2 能否替代方案 1；若 $V_{ji1}<V_{ji2}$，则表明方案 2 的表现优于方案 1，方案 2 能够替代方案 1。

本书中，森林经营追求的是，在一个或多个经营周期内，经营目标（森林碳汇、木材生产）设计值与实际值的差距为最小，即目标函数值为最小。模拟退火算法是在一个初始的林分和经营措施组合状态下，让现有组合发生一个变化，即针对某个林分（小班）的经营措施发生变化，而其他林分（小班）则保持不变，分别计算前后状态的目标函数值。若经营措施变化使得经营目标设计值与实际值间的差距缩小了，则保留该经营措施以及相应带来的林分状态的变化（如龄级结构、采伐蓄积、斑块大小等）（Baskent & Jordan, 2002）；否则，需要采用 Metropolis 准则式（3-49）来计算新经营措施的接受概率，并与随机概率相比较，若 Metropolis 概率较大，则接受新方案，反之则保留原方案。重复这一过程，直到目标函数值收敛到满意程度。

这里通过 Metropolis 概率与随机概率比较的方式，来接受表现较差的方案，目的是避免获得局部最优解，而失去获得全局最优解的机会，如果每次迭代过程都只接受最优解，则迭代过程很快会结束于一个局部最优解。因此，要想获得全局最优解，则需要以一定概率放弃局部最优解，或者说接受恶化解，这也是模拟退火算法与登山等其他算法的主要区别和优势所在（Liu et al., 2006；陈伯望等，2004）。

7.2.4　控制参数

这里的控制参数是指冷却进度表（Cooling Schedule）中控制模拟退火过程的参数，具体包括初始温度 T、终止温度 T'、控制参数函数 $g(T)$、循环步长值 L_k 等。理论上，参数覆盖范围越广，模拟退火搜索过程越充分，获得全局最优解的概率也就越大，但是，搜索范围的加大也就意味着迭代运算量的增加，从而延长运算时间，造成运行效率的下降。因此，模拟退火算法参数的确定，要结合研究问题的实际情况，反复实验来确定（洪晓峰，2011）。结合 Baskent 和 Jordan（2002）的研究成果，本研究采用一个小的实验性的退火过程来确定参数初始值，模型中的控制参数函数 $g(T)$ 包括动态（如几何函数）和静态（如多项时间递减函数）两类函数形式。

7.3 森林经营措施的时空安排

在给定森林经营目标的条件下，模拟退火模型能够根据不同森林经营措施的时空分布概率，来制订一个森林经营措施计划，详细描述各种森林经营措施的时间和空间安排，以实现恢复森林景观的最终目标。本研究根据前文提到的森林碳汇和木材生产两种经营目标，在参考国内外有关研究成果的基础上，提出相对应的森林经营措施，见表 7-1。

表 7-1　针对不同森林经营目标的经营措施

	森林经营目标	
	森林碳汇 [a]	木材生产 [b]
经营措施	（1）人工补植	（1）抚育经营
	（2）树种调整	（2）商业性疏伐
	（3）抚育采伐	（3）采伐利用
	（4）树种组成调整	（4）人工造林
	（5）复壮	

注：[a] 国家林业局，2014；李金良等，2016；[b] Baskent & Jordan，2002。

表 7-1 针对不同森林经营目标设计了相应的经营措施。①对于森林碳汇，其主导思想为：通过提高森林生产力，来提升森林碳储量（生物量），同时尽可能减少营林过程中的碳排放（如清除林下杂灌等）；②对于木材生产，主导思想为：在一个经营周期内，通过合理的统筹规划安排，来实现更高的木材产量和经济收入，同时更加注重商业采伐后森林的恢复，以实现木材可持续供给的最终经营目标。从空间尺度来看，本书的模拟退火模型将不同经营目标所对应的经营措施在各个林分（小班）内实施，所有的措施均需满足不同的约束条件，如人工疏伐密度控制，适用于不同树种或群落类型不同年龄的林分密度超过对应的最适疏密度的

条件下。

从时间尺度来看，经营措施的计划安排通常在一个经营周期内循环多次使用，从而跨越了多个时间段，通常每个时间段是相等的，当然可能是一年，也可能大于一年。需要强调的是，在一个经营周期内，相应的经营目标必须要具体说明，如设定的森林碳汇量或者木材采伐量。所有的林分（小班）经营措施，均围绕实现此经营目标开展，来实现单位面积的生态系统服务效益最大化。与此同时，从森林可持续经营的角度来看，无论供给服务（木材生产），还是调节服务（森林碳汇），均要求实现可持续供给，即减少不同时间段间不必要的波动，而保持平均供给（Even Flow）。此外，根据不同的经营目标和所处的时间段，模型会对一些经营措施做出相应的限制和约束。例如，针对木材生产经营目标，若要对林分进行疏伐或收获采伐，林分相应地需要满足一定的龄级条件，且在采伐完成后必须要进行补种或造林。

从经营措施配置上看，本模型结合实际工作情况，以及有关研究成果（Baskent & Jordan，2002；Borges et al.，2014），设定每一个林分（小班）可以使用多项经营措施，而不是单一经营措施。这样一来，在一个经营周期内，就会有多个重复的经营措施应用于多个林分（小班）。以下分别针对不同森林经营目标的措施配置和相关约束条件进行说明。

7.3.1 森林碳汇经营措施

在森林碳汇经营目标下，结合研究区实际情况，主要以提升森林生态系统生产力，增加森林碳汇为主，所采用的森林碳汇经营措施包括以下几个方面。

7.3.1.1 人工补植

对于郁闭度＜0.5，且结构不合理，不具备天然更新下种条件的林分，可采用人工补植本地乡土阔叶树种的方式，来促进林分恢复和发育。具体方法包括均匀补植（现有林木分布比较均匀的林地）、块状补植（现有林木呈群团状分布、林中空地及林窗较多的林地）、林冠下补植（耐阴树种）等（国家林业局，2014；李金良等，2016）。具体补植密度可参考水源涵养经营目标下的适宜林分密度。

7.3.1.2 树种组成调整

对于个别没有适地适树，且林分密度较大，立地条件相对较好的林分，可采取逐步调整林分优势树种（组）的措施。具体包括：首先，采用带状、块状皆伐或间伐方式，伐除长势衰弱、无培育前途的林木；其次，参考当地的适宜乡土阔叶树种名录，及时调整林分优势树种（组）。采用本措施一次性调整的强度不宜超过林分蓄积的25%（李金良等，2016）。对于位于一级水源保护区内，或者坡度＞25°的困难立地条件下的林分，不适于采用此人工树种调整措施。

7.3.1.3 抚育采伐

主要针对该地区部分密度过大、未开展有效经营的低效纯林，实施抚育采伐，改善林分光照、水分等生长条件。具体抚育采伐方式包括透光伐、疏伐、生长伐和卫生伐。针对幼龄林实施透光伐，伐除林中过密和质量低劣、无培育前途的林木；针对中龄林实施疏伐，伐除少数生长过密和质量低劣的林木，进一步调整树种组成与林分密度，加速培育林分中的保留优势树种；针对近熟林实施生长伐，进一步伐除无培育前途的林木，加速保留木的径生长，增加单位森林面积的碳储量；针对遭受病虫害、雪灾、森林火灾的林分实施卫生伐，伐除已遭受破坏的丧失培育前途的林木，保持林分健康环境。

7.3.1.4 复壮

采取施肥（土壤诊断缺肥）、平茬促萌（萌生能力较强的树种，受过度砍伐形成的低效林分）、防旱排涝（以干旱、湿涝为主要原因导致的低效林）、松土除杂（抚育管理不善，杂灌丛生，林地荒芜的幼龄林）等培育措施促进中幼龄林的生长。

7.3.2 木材生产经营措施

在木材生产经营目标下，追求森林木材生物量的最大化，这与森林碳汇经营追求碳储量最大化的目标基本相同。所不同的是，木材生产追求的是经济效益，森林采伐利用是其终极目标，但是考虑到密云水库流域水源涵养生态系统服务的重要性以及国家整体的采伐政策限制，开展大规模的连片皆伐作业几乎没有可能，因此，本研究只假设在林场范围内开展小规模的采伐利用。这样一来，木材生产经营措施主要包括抚育经营、商业性疏伐、采伐利用和人工造林，大体与森林碳汇经营措施相同。

在木材生产经营目标下，各项经营措施存在的时间先后顺序为：抚育经营→商业性疏伐→采伐利用→人工造林，通常按照此顺序不断循环，实现森林可持续经营的目标。在采伐年限已确定的前提下，模型会对不同措施在不同年限的适用性进行评估。显然，在林分到达采伐年限之前，并不适用于人工造林措施；而达到采伐年限后，并不适用于商业性疏伐和抚育经营措施。如果一个林分（小班）在经营周期的某一时间段内，满足采伐利用的条件（龄级、树种等），那么模型会自动给该林分（小班）配置伐前和伐后的经营措施，包括伐前的抚育经营、疏伐，伐后的造林等。

7.4　森林分析规划管理云计算平台介绍

森林分析规划管理云计算平台（Forest Simulation and Optimization System，FSOS）由加拿大森林生态技术有限公司（Forest Ecosystem Solutions LTD.）设计开发，主要用于森林生态系统的多目标决策管理，目前已在加拿大不列颠哥伦比亚省以及中国吉林、黑龙江等 100 余个森林规划项目中得到应用，并取得了良好的效果（Liu et al.，2009；刘莉等，2011）。

前面提到，各类生态系统都具有相当程度的复杂性，生态系统管理需要综合考虑生态系统的各类供给、调节和文化服务，这就是一个复杂的多目标决策优化问题。以森林生态系统为例，在以土地利用为核心的森林生态系统管理中，森林经营措施和采伐利用的具体方式和时空安排是一个较为复杂的非线性优化问题，传统的线性规划方法已远无法满足解决此类问题的需要，因此，遗传、登山和模拟退火等各类启发式算法应运而生（Liu et al.，2006；洪晓峰，2011）。

FSOS 系统以金属模拟退火等人工智能算法技术为核心，并结合云计算、大数据、GIS 等高新技术，可以将树种动态模型、林分动态模型、景观模型进行系统无缝衔接，对森林生态系统进行快速、科学的分析和规划，平衡协调森林生态系统的生态功能、经济功能和社会功能，实现森林生态系统的多目标优化管理，为可持续发展提供决策支持。

FSOS 系统具有如下特点：

（1）采用灵活机动的目标导向（Target-oriented）的森林生态系统管理方法（Liu et al.，2000），避免了传统的基于措施管理产生的不理想森林状态以及由此导致的经济、生态和社会的不可持续性。

（2）使用人工智能和目标驱动，真正实现森林近期、中期与长期经营规划的一体化，同时采取灵活机动的战略措施以应对各种不确定因素，避免急刹车或者急拐弯似的动荡。

（3）使用人工智能和大数据技术，可以从影响森林生态系统管理目标的成千上万的变量中找到近似优化的解决方案，使复杂的森林生态系统多目标管理问题简单化。

（4）支持云计算，统一在云端运行，实现了跨平台操作，利用云端的计算资源，可以在短时间内进行上亿次的迭代，进而找到接近最佳的解决方案。

（5）从数量、质量、时间、空间多维规划管理森林，将合适的管理措施直接落实到具体位置上，便于核查监督与管护。

7.5 研究结果

本书以于营子林场两类森林资源调查数据为基础，获取林场全部 2 718 个小班的属性信息，包括面积、林种、起源、土层厚度、龄组、郁闭度和优势树种等，以此为基础，在 ArcGIS 10.2 中建立空间数据库，然后将空间数据信息上传至 FSOS 云计算平台进行分析运算，针对不同森林经营目标，初步得到如下研究结果。

7.5.1 森林碳汇经营目标

为了计算不同林分的森林碳汇量，首先需要了解不同森林类型在不同林龄时的蓄积变化情况。参考国家林业局（2008）和罗云建等（2013）对不同树种蓄积方程的研究成果，在求得林木单株材积的基础上，采用式（7-4）对不同林龄时的林分蓄积进行拟合，得到不同森林类型的林分生长曲线，如图 7-6 所示。

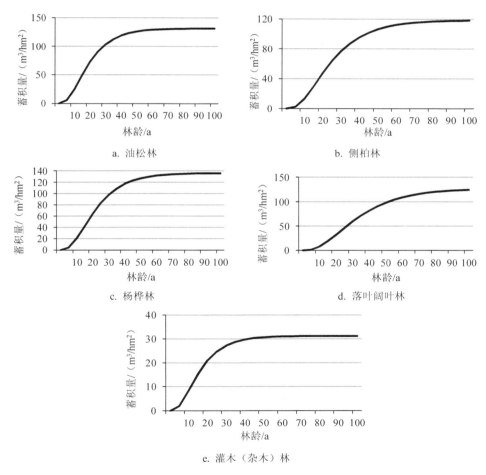

图 7-6　不同森林类型的林分生长曲线

其次，需要掌握生物量扩展因子、生物量各器官分配比例、根茎比等重要参数。本书参考 Watson 等（2000）、国家林业局（2008）和罗云建等（2013）的研究成果，得到有关森林类型的参数（表 7-2）。此外，林木含碳率均按 51%的平均水平计算。

表 7-2　不同森林类型的森林碳汇参数统计

森林类型	乔木层生物量扩展系数	生物量根茎比	木材密度/（tDM/m³）
油松林	1.954	0.223	0.360
侧柏林	1.864	0.222	0.478
杨桦林	1.730	0.261	0.541
落叶阔叶林	1.771	0.306	0.598
灌木（杂木）林	1.300	0.150	0.515

在此基础上，我们能够得到不同森林类型的碳曲线，如图 7-7 所示。

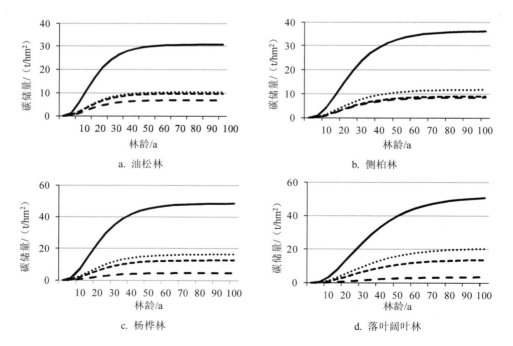

a. 油松林　　　　　　　　　　　　　b. 侧柏林

c. 杨桦林　　　　　　　　　　　　　d. 落叶阔叶林

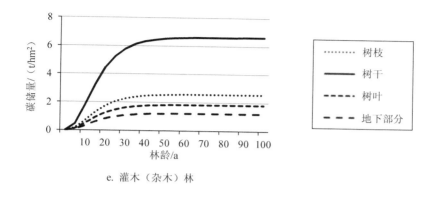

e. 灌木（杂木）林

图7-7   不同森林类型的碳储量曲线

在以森林碳汇为经营目标时，假设木材采伐量为0，因此，根据不同森林类型的碳储量分布，通过 FSOS 系统的优化计算，可以得到在不同经营周期（每5年为一个经营周期）时，林场森林碳汇的变化情况，如图7-8所示。

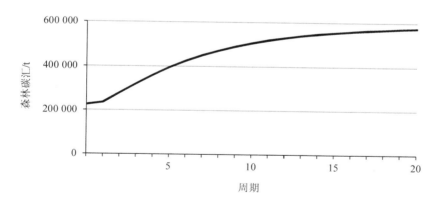

图7-8   林场不同经营周期时的森林碳汇变化

当林场没有木材采伐时，森林碳汇呈现开始阶段稳步增长，随后变化趋于平稳的趋势。大约在第15个采伐周期后，森林碳汇增量变小，直至基本停止，这主要与森林已进入成熟阶段，生长基本停止有关。各个经营周期时不同龄级森林的蓄积分布情况如图 7-9 所示。

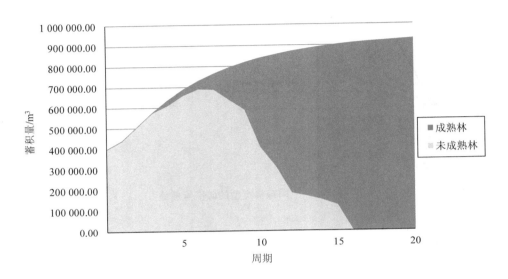

图 7-9　各个经营周期时森林龄级结构分布

可以较为清楚地看出，随着时间的推移，未成熟林蓄积在急剧减少，而成熟林蓄积在稳步增加后逐步趋于稳定。显然，随着成熟林比例的逐步增大，不仅森林碳汇能力逐步下降，越来越多的森林也将自然消亡，造成森林碳汇流失。此外，从经济效益角度考虑，森林进入成熟林阶段却得不到有效利用，也是对资源的一种巨大浪费。因此，本研究考虑在以森林碳汇为主要经营目标的前提下，适当增加木材生产，在提升森林碳汇服务功能的同时，也能够改善林场的经济效益。

本研究新增了低木材采伐（1 000 m³/a）和高木材采伐（5 000 m³/a）两个森林经营情境，对它们进行优化计算后，可以得到不同经营周期时的林地碳汇变化情况，并与前面提到的无木材采伐时的情况进行比较，如图 7-10 所示。

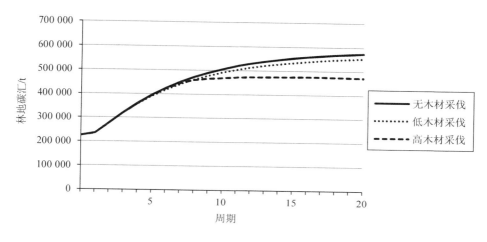

图 7-10　不同森林经营情境下的林地碳汇变化

显然，随着木材采伐量从无到有的增加，林地碳汇呈现减少的趋势，这主要是由于木材采伐导致的林地碳汇的下降，即减少的碳汇主要以木材的形式被采伐掉了，笔者在此假设采伐的木材全部用于建筑等长期用途，依然以碳汇的形式继续储存下来，而没有造成碳汇流失。根据每年木材采伐量的优化计算结果，我们可以很容易得到相应的采伐碳汇的积累变化情况，如图 7-11 所示。

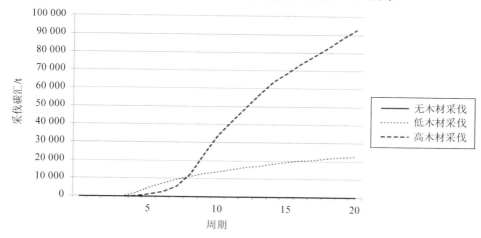

图 7-11　不同森林经营情境下的采伐碳汇变化

从图 7-11 中可以看出，采伐碳汇恰好与林地碳汇的情况相反，随着采伐量的增加，采伐碳汇呈现稳步增加的趋势。在此基础上，我们可以得到三种经营情境下总的碳汇（林地碳汇+采伐碳汇），见表 7-3。

表 7-3　三种不同经营情境下的森林碳汇

经营周期	森林碳汇/t		
	无木材采伐	低木材采伐	高木材采伐
1	225 135.16	225 135.16	225 135.16
5	394 656.83	394 543.22	394 644.33
10	505 370.52	505 008.33	501 911.23
15	553 097.43	552 969.24	543 347.01
20	573 816.60	575 991.15	564 725.11
25	583 012.08	584 905.46	577 129.63
30	587 193.70	591 264.85	587 894.58
35	589 136.34	594 775.52	596 112.93
40	590 009.91	595 468.65	604 950.51

在经营初期，三种经营情境的森林碳汇大体相等，随着时间的推移，木材采伐情境的森林碳汇逐渐超过了无木材采伐情境，并且呈现出木材采伐量越大，森林碳汇越大的特征，至经营末期时，高木材采伐的森林碳汇分别比无木材采伐和低木材采伐高出 2.53%和 1.59%，这与 Liu 和 Han（2009）的研究结论是一致的。这主要是由于森林碳汇的主体是林木树干碳汇，森林采伐将树干碳汇转移至采伐碳汇中，而采伐后森林碳汇（包括地上和地下部分）会从幼龄林开始逐步恢复，造成在一定时期内森林碳汇总量的增加（Niziolomski et al.，2005）。

从经济效益的角度来看，本研究假设不同林龄时的木材价格和采伐成本，见表 7-4。

表 7-4 不同林龄时的木材价格和采伐成本

林龄	木材价格/（元/m³）	采伐成本/（元/hm²）
0	0	200.0
5	9	210.0
10	30	220.5
15	60	231.5
20	100	243.0
25	100	255.3
30	200	268.0
35	200	281.4
40	300	295.5
45	300	310.3
50	400	325.8
55	400	342.1
60	400	359.2
65	500	377.1
70	500	396.0
75	500	415.8
80	600	436.6
85	600	458.4
90	600	481.3
95	600	505.4
100	600	530.7

在此基础上，我们可以得到各经营情境下的木材采伐利润，见表 7-5。

表 7-5 三种不同经营情境下的木材经济收入

经营周期	木材采伐利润/（元/a）		
	无木材采伐	低木材采伐	高木材采伐
1	0	0	0
5	0	415 440.60	153 714.89
10	0	709 405.14	3 249 865.35

经营周期	木材采伐利润/（元/a）		
	无木材采伐	低木材采伐	高木材采伐
15	0	808 752.39	3 670 071.15
20	0	762 079.80	3 750 511.97
25	0	808 673.17	3 815 387.87
30	0	815 007.78	3 677 061.74
35	0	830 846.48	3 938 132.54
40	0	801 776.74	3 802 490.43

对于木材采伐利润来说，高木材采伐＞低木材采伐＞无木材采伐。在 200 年的经营周期里，高木材采伐的利润为 3 802 490 元/a，低木材采伐的利润为 801 777 元/a。显然，单从经济效益角度考虑，木材采伐量越高越好，但是从森林可持续经营的角度来看，则需要综合考虑 7.2.2 节中介绍的波动控制、邻接约束等多项约束条件，由此通过优化计算，可得到低木材采伐和高木材采伐情境下的目标函数优化过程，如图 7-12 所示。

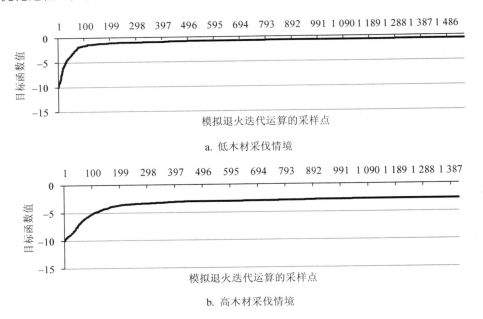

图 7-12 不同采伐情境下的目标函数优化过程

图 7-12 中，纵坐标轴表示目标函数值，横坐标轴表示模拟退火迭代运算的采样点，在迭代过程中，系统每间隔一段时间会记录一次当前迭代的目标函数值（采样），如"800"，则表示第 800 个点的目标函数值，这样就能够完整地记录下目标函数的优化过程。显然，低木材采伐情境的优化效果较好，与高木材采伐情境相比，能够较好地满足各方面要求，但最佳方案则需要进一步定量比较研究后确定。

综上所述，在森林碳汇经营目标下，通过设计一定数量的木材采伐任务，逐步将成熟林的碳汇转移至耐用木制品（如建筑材料等）中，以采伐（林产品）碳汇的形式储存起来，对于森林碳汇经营是极其有意义的。它不仅延长了森林碳汇存在的周期，避免了由于自然消亡或人为干扰（如森林火灾等）等造成的碳流失，同时通过采伐木材也获得了一定的经济效益，真正实现了森林可持续经营的目标。

7.5.2 木材生产经营目标

根据 7.2.1 节构建的研究模型，在木材生产经营目标下，首要考虑的是木材的最大产量以及木材产量的平均供应（尽量减少不同阶段的变动）。目前，于营子林场森林的主要优势树种包括柞树、油松、山杏、侧柏、刺槐、山杨、白桦、山楂、板栗、梨树、荆条，其中满足木材生产需要的优势树种为柞树、油松、侧柏、刺槐、山杨、白桦。因此，可根据 7.2.1 参考文献提供的树种蓄积方程，来获得不同林龄时的林分蓄积量。显然，在开始阶段，以中幼龄林为主的于营子林场几乎没有满足采伐条件的林分，但随着时间的推移和林分的演替，将会有越来越多的林分满足采伐条件，而逐步产生经济效益。结合林场的实际情况，本研究设定林场的木材生产目标为 1 000 m³/a，则 FSOS 经过迭代计算后得到的近似优化的木材生产经营年度计划如图 7-13 所示。

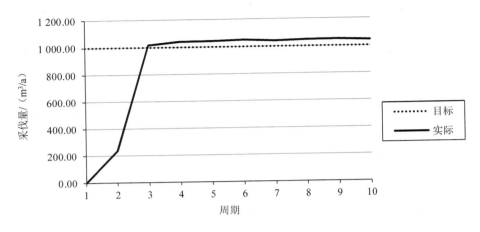

图 7-13 木材生产经营年度计划（50 年，1 000 m³/a）

经过优化计算，林场年平均木材采伐量为 857.39 m³，这主要是由于前 10 年（1～2 年经营周期）林场符合采伐条件的林分较少，木材产量偏低所致。这一点也直接反映到模拟退火运算求得的目标函数值上，如图 7-14 所示。

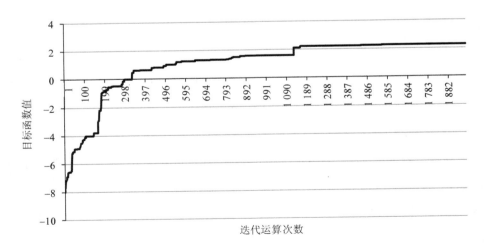

图 7-14 模拟退火运算的总目标函数值（50 年，1 000 m³/a）

由于前 25 年的可采木材太少，导致整个规划期内的平均木材产量与目标存在一定差距，尽管经过优化计算，但最后的目标函数值（2.275）与理想状态（0.0）仍有差距。若把规划周期延长至 100 年，则木材生产经营年度计划和模拟退火运算总目标函数值的优化结果分别如图 7-15 和图 7-16 所示。

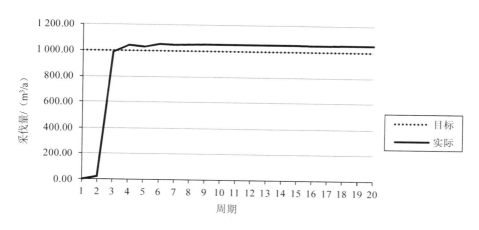

图 7-15　木材生产经营年度计划（100 年，1 000 m³/a）

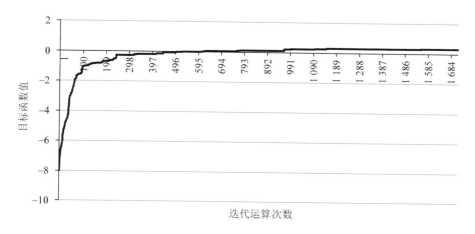

图 7-16　模拟退火运算的总目标函数值（100 年，1 000 m³/a）

当规划周期延长后，与 50 年规划期相比，可以取得较为满意的经营效果。图 7-15 中，从第 3 周期（15 年）开始，木材产量基本就可以维持在目标水平（1 000 m³/a）上下，整个规划期的平均木材产量也达到 939.99 m³/a，较之 50 年规划期有较大幅度的提高。图 7-16 中，优化计算后得到的目标函数值为 0.332，也较 50 年规划期有较大幅度的提高，十分接近理想状态（0.0），表明了较好的优化结果。

若将木材生产目标调整为 4 000 m³/a，则木材生产经营年度计划和优化计算后的总目标函数值，分别如图 7-17 和图 7-18 所示。

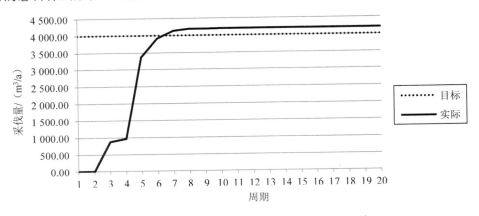

图 7-17 木材生产经营年度计划（100 年，4 000 m³/a）

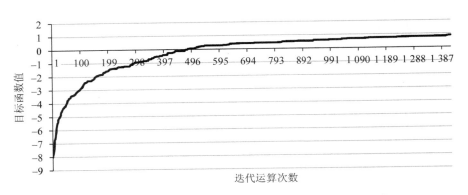

图 7-18 模拟退火运算的总目标函数值（100 年，4 000 m³/a）

结果表明，即使木材生产目标增加到 4 000 m³/a，依然可以较好地实现，且优化结果也可以接受。如图 7-17 所示，木材产量在第 6 周期（30 年）后，基本可以维持在目标水平（4 000 m³/a）上下，整个规划期的木材平均产量可以达到 3 391.31 m³/a。因此可以得出，在木材生产经营目标下，开展长期森林经营规划，更容易实现预定经营目标，从而使森林逐步走上可持续经营之路。通过对不同规划期经济效益的比较，也充分说明了这一点，如图 7-19 所示。不同林龄时的木材价格和采伐成本大致按表 7-4 标准计算，灌木和果树因无木材产出，故木材价格和采伐成本均为 0。

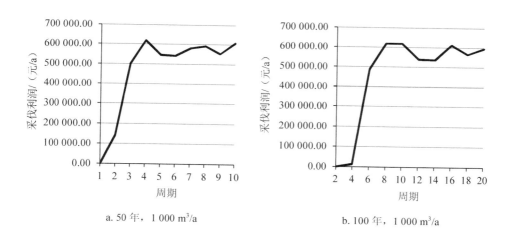

a. 50 年，1 000 m³/a   b. 100 年，1 000 m³/a

图 7-19　不同规划期下的木材采伐利润变化

在采伐目标（1 000 m³/a）相同，但规划期长度不同时，林场木材采伐利润会有所变化。在经营初期，50 年规划期的采伐利润较 100 年规划期的上升更快，但是 100 年规划期采伐利润的稳定性和持久性则表现得更好。具体各个采伐周期的产值、成本和利润情况如表 7-6 所示。

表 7-6 各个采伐周期的产值、成本和利润分布

规划期：50 年；采伐目标：1 000 m³/a				规划期：100 年；采伐目标：1 000 m³/a			
周期	产值/（元/a）	成本/（元/a）	利润/（元/a）	周期	产值/（元/a）	成本/（元/a）	利润/（元/a）
1	0	0	0	1	0	0	0
2	142 380	882	141 498	2	13 366	83	13 283
3	509 452	4 252	505 200	3	493 203	4 116	489 087
4	624 301	4 148	620 153	4	623 552	4 094	619 458
5	551 702	4 256	547 446	5	623 066	3 920	619 146
6	547 921	4 229	543 692	6	544 351	4 261	540 090
7	586 704	4 079	582 625	7	541 899	4 266	537 633
8	597 720	4 103	593 617	8	617 716	4 104	613 612
9	558 765	4 272	554 493	9	570 381	4 021	566 360
10	613 916	4 039	609 877	10	600 097	4 121	595 976
				11	639 723	3 948	635 775
				12	629 350	3 990	625 360
				13	642 184	3 811	638 373
				14	628 864	2 902	625 962
				15	672 903	3 749	669 154
				16	688 526	3 312	685 214
				17	691 422	3 304	688 118
				18	718 360	3 365	714 995
				19	685 966	3 016	682 951
				20	706 106	2 993	703 113
平均利润			469 860				563 183

表 7-6 的优化计算结果显示，在 50 年规划期时，木材年平均采伐利润为 469 860 元/a；而在 100 年规划期时，木材年平均采伐利润则大幅上升到 563 183 元/a，显示出较高的经济效益。但是从另一个角度来看，一个面积 8 000 余 hm² 的林场的年木材采伐效益仅为 50 万～60 万元，并不算高，单靠木材生产难以维持正常运转和自身生存，这主要是由林场以中幼龄林和灌木林为主的资源特点所决定

的，目前，林场林木的每公顷蓄积量仅为 16 m³。在这样的情形下，开展木材生产无法保证林场森林资源的可持续发展，经济效益更无从谈起。

图 7-20 以 100 年规划期，1 000 m³/a 木材生产目标为例，说明了各个时期采伐后林地剩余蓄积量及结构分布。从前 10 个采伐周期来看，大部分新出现的成熟林在当年都被采伐完，只是从第 8 周期（40 年）后开始，才会有少量成熟林出现。一个完全由中幼龄林构成的森林生态系统，首先它的结构是不稳定的，其次功能也是较为单一的，难以满足多种生态系统服务的需求。因此，从以上分析可以看出，单一的木材生产目标实际上是不可行的，不仅难以同时满足其他多种生态系统服务提供的需求，而且无法保证林场今后一段时期的经济可持续性。

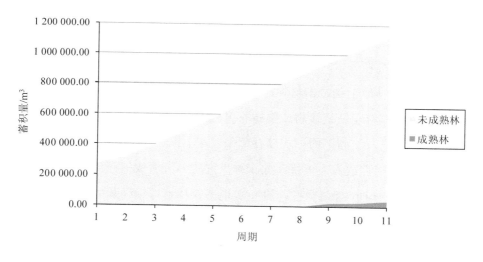

图 7-20 各个时期采伐后林地剩余蓄积量及结构分布

7.6 小结

本研究采用人工智能模拟退火算法技术，基于 FSOS 云计算平台，分析比较了于营子林场在木材采伐和森林碳汇两种经营目标下的经营策略，初步得到如下研究结论：

（1）无论木材生产经营目标，还是森林碳汇经营目标，开展长期森林经营规划（50年以上），较之短期森林经营规划（50年以内），均能够较好地实现经营目标，从而使森林逐步走上可持续经营之路。

（2）密云水库流域以中幼龄林为主的资源特点以及该地区生态区位的重要性，决定了单一的木材生产目标实际上是不可行的，不仅难以同时满足以水源涵养为主的其他多种生态系统服务提供的需求，而且无法保证林场今后一段时期的经济可持续性。

（3）在森林碳汇经营目标下，随着时间的推移，森林碳汇与木材采伐呈正相关关系。这可能主要是由于森林碳汇的主体是林木树干碳汇，森林采伐将树干碳汇转移至采伐碳汇中，而采伐后森林碳汇（包括地上和地下部分）会从幼龄林开始逐步恢复，造成在一定时期内森林碳汇总量的增加。

（4）开展森林碳汇结合木材生产的多目标经营是极其有意义的。通过设计一定数量的木材采伐任务，逐步将成熟林的碳汇转移至耐用木制品（如建筑材料等）中，以采伐（林产品）碳汇的形式储存起来。这不仅延长了森林碳汇存在的周期，避免了由于自然消亡或人为干扰（如森林火灾等）等造成的碳流失，同时通过采伐木材也获得了一定的经济效益，真正实现了森林可持续经营的目标。

8 采用选择实验模型的森林景观恢复项目农户参与意愿分析

"京冀生态水源林"项目（JAPEWP）启动于 2009 年，目前已在河北省境内密云水库和官厅水库上游的重要水源保护区投资 8 亿元，用于建设水源保护林 66 666 hm² （陈思危和陈志强，2015）。该项目通过恢复和重建关键水源区的森林生态系统来维持和提高森林的水源保护功能，同时也承担提高当地农民收入，缩小区域发展差距的职责。这是一个具有生态补偿功能的区域森林景观恢复项目。

根据 2.2.2 节的介绍，我国目前正在实施的生态补偿项目可以划分为两种类型："完全被动参与型"和"不完全主动参与型"。显然，"京冀生态水源林"项目属于后者。然而，如同"京津风沙源"项目一样，"京冀生态水源林"项目依靠政府的支持远多于本地农户的参与意愿。当然，这也是由于多种原因造成的，主要包括：首先，近年来农村青壮劳力纷纷进城打工，留守在家可以参加项目的多为年老体弱者（Groom et al.，2010；Bennett et al.，2014）。例如，当地政府雇用劳动力开展造林和抚育活动，但是由于缺乏充沛的体力和有关知识，这些当地"留守"劳动力仅能完成一些最基本的现场工作，而根本无法保证项目长期效益和质量。其次，项目提供的就业机会较为有限，仅一小部分当地农户可以从中受益，而绝大多数农户无法享受到项目带来的效益。以上因素导致"京冀生态水源林"项目如同其他国际和国内生态补偿项目一样，也遭遇到可持续性、社会平等和低效率等一系列严峻挑战（Adhikari & Boag，2013；Mahanty et al.，2013；Martin et al.，2014；Pascual et al.，2014）。

本书针对"京冀生态水源林"森林景观恢复项目实施中遇到的项目长期维护、实施成效、成本有效性和监测工作等一系列问题挑战，通过采用选择实验模型方法分析不同项目属性对项目参与效用的影响，来研究如何有效引导项目参与的方法，为今后的项目实施方案制定、农户参与动员等提供一系列创新解决策略。

8.1 研究区域和调查方法

本书采用在密云水库流域开展农户调查的方法开展。在此之前，研究小组于2012年10月在河北省丰宁县、滦平县和赤城县完成了一次预调研。在这3个县中，丰宁县拥有4 400 km^{2}的密云水库流域面积，同时覆盖了密云水库的两条主要水源——潮河和白河。可见，该县对于密云水库流域保护具有十分显著的意义，因此，本书将丰宁县选定为研究区域。

根据预调研和查阅当地统计年鉴的结果，本研究选择丰宁县汤河乡、黑山嘴镇和胡麻营乡作为调查点。在这3个乡镇中，汤河乡属于白河流域，而其余两个乡镇则属于潮河流域。根据第6章得出的中等保护风险条件下的森林景观恢复优先区划分结果，汤河乡位于中级优先恢复区内，而黑山嘴镇和胡麻营乡则位于高级优先恢复区内（图8-1），3个乡镇均具有较高的恢复优先级和生态重要性。在本地生计方面，汤河乡是一个传统农业乡镇，而黑山嘴镇和胡麻营乡则拥有新兴的金矿、铁矿产业，经济发展水平相对较高。因此，上述两个乡镇农户与汤河乡相比，它们的生计来源更为多样，对传统农业的依赖程度则较低。总之，这3个乡镇无论从空间分布，还是从恢复优先级别以及生计水平上，都较为有效地代表了密云水库流域的整体特征。

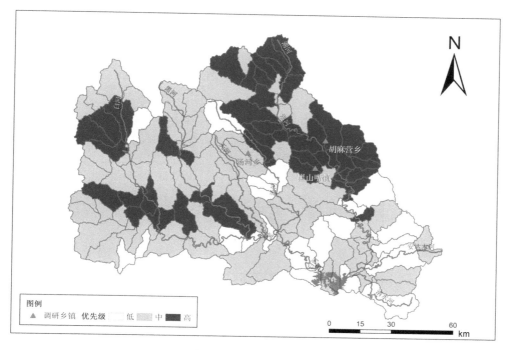

图 8-1　调研乡镇位置

8.2　实验设计和数据收集

在 2012 年 10 月预调研期间，研究小组初步制定了一个有关"京冀生态水源林"项目政策的选择属性表，并与当地政府部门和农户进行小组讨论来确定选择属性集。随后，在丰宁县的一个村庄通过若干农户访谈对该属性集进行测试，并根据访谈结果对选择属性集做出细微修改，以提升农户调查质量。最终，6 个对"京冀生态水源林"项目农户参与意愿影响最大的选择属性被确定下来，包括合同期限、退出选项、造林成活率、经济惩罚、验收方式和现金补贴，具体见表 8-1。

表 8-1　"京冀生态水源林"项目选择属性概述

属性名	属性描述	取值范围（编码）
合同期限/年	与参与农户签订的项目合同期限	1、5、10
退出选项	参与农户是否可以中途退出项目	1：可以没有惩罚地自由退出项目；0：表示相反
造林成活率/%	人工造林成活率要求	100、85、75[a]
经济惩罚	验收不合格是否有经济惩罚	1：是；0：否
验收方式	项目采取何种验收方式	1：随机时间验收；0：固定时间验收
现金补贴/[元/（hm²·a）]	项目付给农户的现金补贴金额	750、1 500、3 000、4 500、7 500

注：[a] 根据国家林业局发布的《中华人民共和国国家标准造林技术规程》，人工造林成活率当年必须达到85%，第三年保存率必须达到80%。

　　根据表 8-1 各个选择属性的取值范围，可得出政策选项组合总数为 $3^2 \times 2^3 \times 5 = 360$ 个。为了达到能够拟合受访农户基本偏好函数的目的，可进一步通过实验设计来精简选项（Adamowicz et al.，1998）。本研究的一个选择集包含 A、B、C、D 4 个选项：，其中 D 表示不参加项目，同时采用正交实验设计的方法，以隔离个体属性对最终选择的影响（Hanley et al.，1998）。最终，本研究保留 24 个政策选项，包括不参与选项，共组成 8 个选择集。具体选择集范例见表8-2。

表 8-2　"京冀生态水源林"项目选择集范例

属性	选项 A	选项 B	选项 C	选项 D
合同期限/年	10	5	1	
退出选项	允许自由退出	不允许自由退出	不允许自由退出	
造林成活率/%	75	85	85	
经济惩罚	无惩罚	有惩罚	无惩罚	不参加
验收方式	随机	随机	固定	
现金补贴/[元/（hm²·a）]	750	3 000	1 500	

农户调查由北京林业大学和北京林学会于 2013 年 8 月联合完成。正式调查前在当地乡镇干部的帮助下，根据不同村庄的经济水平，将每一个乡镇所属的村庄划分为富裕、中等和贫穷 3 组，然后调查组从每一组里随机抽取一定数量的调查村。与之类似，在每一个调查村村干部的帮助下，调查组采取同样的抽样方式，抽取一定数量的调查农户，具体村和户样本构成见表 8-3。这种分层抽样法确保调查样本在经济状况和参与意愿方面均具有代表性，同时也最大限度地降低了抽样偏差。

表 8-3 样本镇、村、户的数量和构成

样本镇	村数	户数	所属流域
汤河乡	4	94	白河
黑山嘴镇	5	100	潮河
胡麻营乡	4	102	潮河
合计	13	296	—

正式调查阶段，调查员在村干部的带领下，到样本农户家采用结构化问卷访谈的方式，收集受访者对不同选择集的决策。为了避免不必要的偏差，调查小组要求村干部只是在访谈前介绍调查员与农户相互认识，而并不参加接下来的访谈。农户访谈过程中，调查员首先会向农户介绍调查目标和"京冀生态水源林"项目背景和政策；然后，调查员会详细解释 6 个选择属性的含义、取值范围（表 8-1）；在完成一次练习后，受访者会被要求在 8 个不同的选择集中做出选择，以此来了解他们对项目的偏好特征。此外，调查员也收集了受访者截至 2012 年年底的有关人口统计特征、经济收入和土地等方面的数据。最终，296 户农户参与访谈，受访率达 100%，总计从受访农户中获得了 9 568 个观测值。

8.3 结果与分析

8.3.1 描述性分析

农户的社会经济特征能够影响选择效用（Hanley et al., 1998；Train, 2003）。受访农户的社会经济特征见表 8-4。

表 8-4 样本户的社会经济特征概述

变量名	变量描述	平均值	标准差
人口统计特征			
农户人口	农户人口/（人/户）	4	1.4
年龄	家庭成员平均年龄/岁	41	13.6
受教育程度	家庭成员平均受教育年限/年	6	2.3
社会经济特征			
农业收入	农业收入/[元/（人·a）]	1 917	1 866.2
非农收入	非农业收入/[元/（人·a）]	8 258	10 766.4
农业补贴收入	收到的农业补贴收入/[元/（人·a）]	81	91.5
林业补贴收入	收到的林业补贴收入/[元/（人·a）]	30	76.1
土地特征			
农地面积	农地面积/（hm²/人）	0.1	0.1
林地面积	林地面积/（hm²/人）	0.3	1.0
农地数量	人均农地块数/（块/人）	1.3	0.9
林地数量	人均林地块数/（块/人）	0.3	0.4

不同乡镇收入结构的比较，如图 8-2 所示。

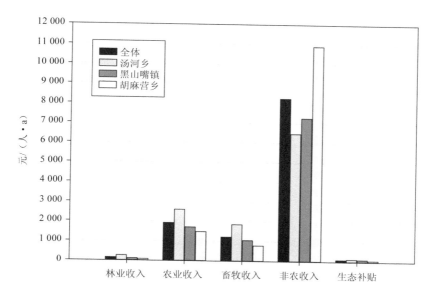

图 8-2　不同乡镇收入结构比较

可以看出，汤河乡有较高的农业、林业、畜牧和生态补贴（"稻改旱"和退耕还林项目）收入，较其余 2 个乡镇对传统农业的依赖更大。与黑山嘴镇（0.2 hm²/人）和胡麻营乡（0.4 hm²/人）相比，汤河乡（0.6 hm²/人）有更为丰富的土地资源。此外，3 个乡镇的户人口数（4 人/户）基本相等。与此相对，胡麻营乡较高的非农收入表明，当地的矿业资源开发形成了一个较为发达的非农就业市场，这样会帮助农户重新分配他们的劳动力，以避免对传统农业的过度投入（Groom et al.，2010）。总之，传统农业或生态补贴收入越高，对土地资源的依赖程度越高；同时较高的非农收入显示，存在一个较为发达的非农经济，会更为有效地吸收来自传统农业的劳动力。

8.3.2　MNL 模型分析

本书采用多项选择 Logit 模型（Multi-nominal Logit，MNL）进行估计，估计结果见表 8-5。

表 8-5 "京冀生态水源林"项目农户参与的 MNL 模型估计结果

选择属性	应变量：项目参与选择			
	全体	汤河乡	黑山嘴镇	胡麻营乡
替代指定常数	−0.938***	−1.010***	−0.924***	−0.886***
（ASC）	(0.045)	(0.080)	(0.077)	(0.076)
合同期限	−0.004	−0.033**	0.001	0.019
	(0.008)	(0.014)	(0.014)	(0.014)
退出选项	0.812***	0.764***	0.702***	0.974***
	(0.063)	(0.109)	(0.108)	(0.110)
造林成活率	−0.998***	−0.632***	−1.007***	−1.357***
	(0.113)	(0.194)	(0.193)	(0.200)
经济惩罚	−0.869***	−0.874***	−0.898***	−0.842***
	(0.064)	(0.111)	(0.110)	(0.111)
验收方式	−0.060	−0.066	−0.106	−0.006
	(0.058)	(0.101)	(0.100)	(0.100)
现金补贴	0.000 2***	0.000 2***	0.000 2***	0.000 2***
	(0.000)	(0.000)	(0.000)	(0.000)
观测数	9 568	3 072	3 232	3 264
LR chi2（6）	607.68	195.19	203.37	224.68
Prob＞chi2	0.000	0.000	0.000	0.000

注：括号内为标准误；***表示在1%水平上显著；**表示在5%水平上显著。

总体来看，卡方检验（LR chi2）的结果显示，估计结果对模型的拟合程度较好。除"合同期限"和"验收方式"属性外，绝大多数估计结果都在1%的水平上显著。其中，"退出选项"和"现金补贴"与项目参与呈显著的正相关关系，而与"造林成活率"和"经济惩罚"则呈显著的负相关关系。每一个乡镇的估计结果也大体相似。

8.3.2.1 替代指定常数

替代指定常数（Alternative Specific Constant，ASC）反映了保持其他选择属性在现状水平的条件下，农户参与项目的选择效用。实际上，农户的项目参与意愿受到当地福利水平和项目属性的交互影响（Grosjean & Kontoleon，2009）。目前表现出的显著负相关特征表明，无论是当地福利水平，还是维持项目现状水平不变，都无法有效引导积极的项目参与。所以，为了尽可能地激发当地农户的项目参与意愿，需要采用一定的政策措施来调整有关的项目属性水平，同时也通过项目实施来提高当地的社会福利水平。

8.3.2.2 退出选项和现金补贴

"退出选项"和"现金补贴"属性与项目参与效用呈显著的正相关关系。当允许参加者自由中途退出项目时，项目参与效用能够得到最大限度的增加。换言之，当允许参加者可以自由中途退出项目时，对项目参与意愿具有最大的正影响。

一方面，从图 8-2 中可以看出，生态补贴收入与其他收入来源相比较低，单纯靠项目补贴无法引导积极、长期的项目参与；另一方面，如果无法自由中途退出项目时，农户也许会担心由于参加项目而产生的风险和损失的机会。所以，他们更愿意从事没有固定期限的工作。参与农户对"退出选项"的过度关注，可能会威胁到项目的长期可持续性。

"主动参与型"（如"京冀生态水源林"项目）和"被动参与型"（如退耕还林项目）生态补偿项目有一个较大的不同就是，只要项目补贴不停止，被动参与的农户就不可能退出项目（Uchida et al.，2005）。首先，这可能是因为绝大多数的退耕还林项目研究工作都是在中国西北和西南边远地区开展的，那里农户对生态补贴的接受意愿显著低于北京周边地区（Uchida et al.，2005；Bennett，2008；Groom et al.，2010；Mullan & Kontoleon，2012）。其次，更为重要的是，由于退耕还林项目征用耕地，因此能够为参加者提供一些额外的经济收入，如果树收入等，以此能够更好地激发项目参与意愿（Grosjean & Kontoleon，2009）。因此，通过丰富增收渠道来增加参与农户收入，是一个引导农户更加积极参与项目的有效途径。

8.3.2.3 造林成活率和经济惩罚

与期望一致，"造林成活率"和"经济惩罚"属性对参与效用有负影响。较高的成活率需要更多的劳动力投入，因为造林属于一种劳动密集型工作，其中的栽植、抚育和防火巡护都要耗费较多的劳动力。与此同时，与工人相关的林业知识和经验是另一个必要前提，因为有较高技术水平的林业工人能够提供更好的管理（Bennett et al.，2014）。如前面提到的，"造林成活率"的负影响实际上反映出当地缺少充足合格的劳动力的现状，而这主要是由非农就业较高的机会成本所导致。此外，缺乏充沛体力和相关林业知识的留守劳动力，会担心由于成活率不合格而可能导致的经济损失。这也解释了"经济惩罚"属性对农户参与意愿有负影响的原因。因此，应该努力创造更多的本地非农就业机会，来吸引更多的合格劳动力返乡就业，实现丰富农户收入来源和提升收入水平的目标（Uchida et al.，2007；Grosjean & Kontoleon，2009；Groom et al.，2010；Mullan & Kontoleon，2012）。同时，也需要采取一些针对农户的技术培训服务来提升项目实施水平。

这两个变量在不同乡镇间的重要性表现略有不同。汤河乡农户认为"经济惩罚"的重要性（0.874）要高于"造林成活率"（0.632）。前面提到，汤河乡更加依赖传统农业，而胡麻营乡更加依赖非农就业，黑山嘴镇则介于两者之间。更加擅长农业耕作，并且非农就业机会较少的农户，他们会把林木管理得更好（Bennett et al.，2011）。可见，汤河乡农户不太担心成活率要求，因为他们习惯于农业耕作，并且有更为丰富的林业知识和经验，而胡麻营乡的情况则完全相反。因此，在今后的项目政策设计中，应针对不同地区的社会经济特征来设计差异化的项目政策和机制。

8.3.2.4 合同期限和验收方式

总体来说，"合同期限"和"验收方式"属性都没有显著地影响参与效用。对于"合同期限"属性的解释与"退出选项"基本一致，因为参加者对能够自由中途退出的项目更感兴趣，所以他们期望项目合同期更短，或者说对合同期限根本就不敏感。"验收方式"属性的不显著表明，现行的随机或固定验收方式并没有为项目实施提供充足保障，因此需要采取一些政策手段或创新的评估机制来对项目实施质量做出科学准确的评价。

为了更好地理解农户项目偏好的异质性，本书也对其他一些与农户有关的变量进行评估。这些变量不随农户的选择而发生变化，因此它们与选择概率模型无关。然而，可以将这些变量与随农户参与选择变化的选择属性相乘形成交互项，通过评估交互项来将这些变量纳入农户选择概率模型（Grosjean & Kontoleon，2009）。建立一个包含交互项的模型，能够让我们进一步观察到农户特征对项目参与概率的影响。具体来说，除户人口、平均年龄和平均受教育年限外，其他有关变量，如人均土地面积、农业收入和非农收入以及生态补贴收入，均被转换成虚变量，其中，"高"和"低"水平的虚变量分别对应样本所在的三分位（Tertile）的第一组和第三组（全体样本的前 1/3 和后 1/3 水平），见表 8-6。

表 8-6 农户特征变量概述

变量名	变量描述	样本比例
户人口	户人口/（人/户）	—
年龄	家庭成员平均年龄/岁	—
受教育年限	家庭成员平均受教育年限/年	—
低土地面积	全体样本人均土地面积的后 33%水平	36.79%
高土地面积	全体样本人均土地面积的前 33%水平	33.11%
低农业收入	全体样本农业收入占户收入比例的后 33%水平	29.43%
高农业收入	全体样本农业收入占户收入比例的前 33%水平	34.11%
低非农收入	全体样本非农业收入占户收入比例的后 33%水平	31.77%
高非农收入	全体样本非农业收入占户收入比例的前 33%水平	33.78%
低生态补贴收入	全体样本生态补贴收入占户收入比例的后 33%水平	32.78%
高生态补贴收入	全体样本生态补贴收入占户收入比例的前 33%水平	32.44%

接下来，将以上农户特征变量与选择属性相乘形成交互项，将这些交互项添加到 MNL 模型估计中，表 8-7 报告了采用交互项的回归结果。从表 8-7 中可以看出，与期望一致，存在一些表现显著的农户特征交互项。特别是低农业收入和高农业收入对农户参与意愿有负影响。不同收入类别对参与意愿的影响一致地暗示出，当地农村市场和制度方面存在对于项目参与的束缚（Groom et al.，2010；Mullan & Kontoleon，2012）。高农业收入户对非农就业、土地租赁等市场的接触

较为有限，因此不得不更加依赖传统农业生产活动，而对传统农业的劳动力和生产资料的无效或过度投入，会导致农户更加担心由于参与项目引发的风险和机会成本损失，而这会进一步抑制他们的参与意愿。与此相反，尽管低农业收入户有更多的非农收入，但他们并没有很强的参与意愿。因为参与项目会让农户重新分配劳动力投入，然而目前存在于农村市场方面的约束以及不稳定的林地产权，均无法保证他们能从项目参与中可持续受益（Bennett，2008；Groom et al.，2010；Bennett et al.，2014），显然，低农业收入户不愿意承担如此高昂的机会成本。因此，有关交互项的发现也与前面的讨论结果一致。

表 8-7　使用农户特征交互项的"京冀生态水源林"项目参与意愿 MNL 模型估计结果

变量	合同期限	退出选项	造林成活率	经济惩罚	验收方式	现金补贴
交互项						
×户人口	0.014^{***}	-0.036	0.045	0.136^{***}	0.025	$0.000\,01^{**}$
	(0.004)	(0.039)	(0.032)	(0.048)	(0.038)	(0.000)
×年龄	$0.000\,3$	-0.012^{***}	-0.005	0.007	-0.006	-3.97×10^{-7}
	(0.000)	(0.004)	(0.004)	(0.005)	(0.004)	(0.000)
×受教育年限	0.002	-0.016	0.014	0.064^{***}	0.030^{*}	4.05×10^{-6}
	(0.002)	(0.018)	(0.015)	(0.023)	(0.018)	(0.000)
×低土地面积	-0.024^{*}	-0.091	-0.089	-0.111	-0.174	$-0.000\,01$
	(0.013)	(0.114)	(0.096)	(0.142)	(0.113)	(0.000)
×高土地面积	0.015	0.115	0.234^{***}	0.147	0.085	$0.000\,06^{***}$
	(0.012)	(0.109)	(0.091)	(0.135)	(0.107)	(0.000)
×低农业收入	-0.035^{***}	-0.113	-0.301^{***}	-0.327^{**}	-0.302^{***}	$-0.000\,05^{***}$
	(0.012)	(0.106)	(0.090)	(0.132)	(0.106)	(0.000)
×高农业收入	-0.025^{**}	0.094	-0.228^{**}	-0.519^{***}	-0.134	$-0.000\,07^{***}$
	(0.012)	(0.111)	(0.093)	(0.140)	(0.109)	(0.000)
×低非农收入	-0.011	-0.175	-0.035	0.082	0.003^{**}	-5.54×10^{-6}
	(0.012)	(0.110)	(0.092)	(0.136)	(0.109)	(0.000)
×高非农收入	0.009	0.116	0.101	-0.049	0.103	-6.36×10^{-8}
	(0.011)	(0.097)	(0.082)	(0.122)	(0.097)	(0.000)

变量	合同期限	退出选项	造林成活率	经济惩罚	验收方式	现金补贴
×低生态补贴收入	−0.011	0.067	−0.043	0.066	−0.042	−0.000 03[*]
	(0.012)	(0.106)	(0.090)	(0.134)	(0.107)	(0.000)
×高生态补贴收入	−0.004	−0.185[*]	0.017	0.266[***]	−0.061	0.000 02
	(0.012)	(0.108)	(0.089)	(0.132)	(0.105)	(0.000)
基本属性						
替代指定常数（ASC）	−0.938[***]	−0.938[***]	−0.937[***]	−0.938[***]	−0.938[***]	−0.938[***]
	(0.045)	(0.045)	(0.045)	(0.045)	(0.045)	(0.045)
合同期限	−0.057	−0.004	−0.004	−0.004	−0.004	−0.005
	(0.039)	(0.008)	(0.008)	(0.008)	(0.008)	(0.008)
退出选项	0.815[***]	1.584[***]	0.815[***]	0.815[***]	0.815[***]	0.810[***]
	(0.063)	(0.342)	(0.063)	(0.063)	(0.063)	(0.063)
造林成活率	−0.994[***]	−0.997[***]	−0.961[***]	−1.006[***]	−1.002[***]	−0.990[***]
	(0.113)	(0.113)	(0.306)	(0.113)	(0.113)	(0.113)
经济惩罚	−0.873[***]	−0.873[***]	−0.874[***]	−1.905[***]	−0.872[***]	−0.876[***]
	(0.064)	(0.064)	(0.064)	(0.437)	(0.064)	(0.064)
验收方式	−0.060	−0.058	−0.058	−0.059	0.074	−0.057
	(0.058)	(0.058)	(0.058)	(0.058)	(0.340)	(0.058)
现金补贴	0.000 2[***]	0.000 2[***]	0.000 2[***]	0.000 2[***]	0.000 2[***]	0.000 2[***]
	(0.000)	(0.000)	(0.000)	(0.000)	(0.000)	(0.000)
LR chi2 (17)	648.00	633.91	642.51	649.05	631.77	653.68
Prob＞chi2	0.000	0.000	0.000	0.000	0.000	0.000

注：括号内为标准误；***表示在 1%水平上显著；**表示在 5%水平上显著；*表示在 10%水平上显著。

因此，今后应考虑采取一些可能的措施来减轻对市场和机制方面的束缚。首先，应该考虑结合"京冀生态水源林"项目实施，在当地创造一些新的收入来源，以此来吸引更多合格劳动力返乡就业，同时也降低农户对传统农业的依赖。其次，通过林地产权改革来向农户提供一套充分、安全的林地产权，将会改善农户的参与意愿，甚至会在一定程度上进一步激发他们提升土地质量的投资（Groom et al.，2010）。最后，由于不同农户对保护激励或项目补贴的响应有所不同（Mullan & Kontoleon，2012），所以根据他们的社会经济特征，来有效定位那些确实愿意参加项目的农户（Uchida et al.，2005），就显得格外重要。

8.3.3 边际效应估计和模拟

"现金补贴"属性的边际效应（Marginal Effect，ME）表明，每增加 1 元现金补贴将会使项目参与概率增加 0.003%（表 8-8）。在其他条件不变的情况下，增加 200 元现金补贴，将会使项目参与概率增加 0.5%。以上估计结果表明，在"主动参与型"生态补偿项目中，单纯依靠现金补贴来激发项目参与意愿并不是一种经济适用的方法。

表 8-8 "京冀生态水源林"项目选择属性的边际效应和边际接受意愿估计结果

属性名	全体		汤河乡		黑山嘴镇		胡麻营乡	
	ME	MWTA	ME	MWTA	ME	MWTA	ME	MWTA
替代指定常数（ASC）	—	4 690.00	—	5 050.00	—	4 620.00	—	4 430.00
合同期限	−0.001 (0.001)	21.32 (0.171)	−0.006** (0.002)	181.43 (0.209)	0.000 2 (0.002)	−6.63 (0.178)	0.003 (0.002)	−101.52 (0.396)
退出选项	0.143*** (0.011)	−4 292.53 (3.429)	0.134*** (0.019)	−4 205.62 (6.035)	0.123*** (0.019)	−3 463.35 (4.040)	0.171*** (0.019)	−5 268.65 (6.882)
经济惩罚	−0.153*** (0.011)	4 590.09 (3.416)	−0.154*** (0.019)	4 806.79 (3.454)	−0.158*** (0.019)	4 431.30 (4.484)	−0.147*** (0.019)	4 553.06 (3.846)
造林成活率	−0.176*** (0.020)	5 274.15 (3.465)	−0.111*** (0.034)	3 477.27 (3.275)	−0.177*** (0.034)	4 970.04 (3.958)	−0.238*** (0.034)	7 339.60 (7.402)
现金补贴	0.000 03*** (0.000)	—	0.000 03*** (0.000)	—	0.000 03*** (0.000)	—	0.000 03*** (0.000)	—

注：括号内为标准误；***表示在 1%水平上显著；**表示在 5%水平上显著。

对于另一个连续型变量，造林成活率每增加 1%，会让项目参与概率下降 18%。对于虚变量来说，当允许参与者可以自由中途退出项目时，会增加项目参与概率

14%。因此，"退出选项"属性应该被考虑作为一个有效引导项目参与意愿的政策工具。与此相反，允许经济惩罚会降低项目参与概率15%。以上结果对于今后设计更加有利于农户参与"京冀生态水源林"项目的政策措施，有着极其重要的意义。此外，3个乡镇边际效应的变化规律也大体上与表8-5的估计结果保持一致。采用表8-8的边际效应估计结果，本研究根据不同政策情境，模拟出不同现金补贴水平下的完整项目参与概率分布，如图8-3和图8-4所示。

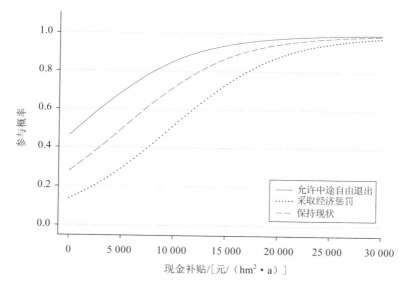

图 8-3　不同选择属性下的参与概率模拟

图 8-3 分别针对"允许中途自由退出""采取经济惩罚"和"保持现状"三种不同的政策情境，相应描绘出农户在不同补贴水平上的项目参与概率。当引进不同的项目措施时，概率密度曲线会向上或向下偏移。可见，采用图 8-3 这样的政策模拟工具，能够帮助决策者理解不同政策措施对项目参与概率的影响，并对不同补贴水平上的参与概率做出预测。例如，根据概率密度函数计算得出，当保持选择属性在现状水平时，如果要实现 0.5 的参与概率，项目将支付不少于 5 250 元/（a·hm²）的现金补贴给农户。然而，当引入"允许中途自由退出"和

"采取经济惩罚"两项政策措施后，现金补贴额分别变为 750 元/（a•hm^2）和 9 750 元/（a•hm^2）。这表明不同的政策措施能够显著地降低项目成本。

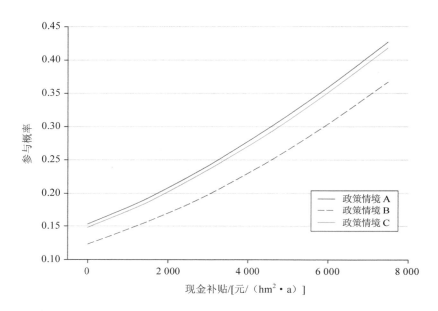

图 8-4　三种政策情境的参与概率模拟

对于另外两个连续型变量——"合同期限"和"造林成活率"属性，研究人员在维持其余属性不变的条件下，设计了三种不同的政策情境来模拟参与概率。三种政策情境条件假定如下：政策情境 A：1 年合同期，75%的造林成活率；政策情境 B：1 年合同期，100%的造林成活率；政策情境 C：10 年合同期，75%的造林成活率。从图 8-4 可以看出，"造林成活率"属性对项目参与意愿的影响大于"合同期限"。例如，当保持项目合同期限为 1 年时（政策情境 A 和政策情境 B），在 4 500 元/（a•hm^2）的补贴水平上，政策情境 A 和政策情境 B 的参与概率分别为 0.297 和 0.247。然而，保持其他条件不变，造林成活率要求为 75%时（政策情境 A 和政策情境 C），在同一补贴水平的项目参与概率则分别为 0.297 和 0.289。由此可见，采取技术培训的方式可减轻造林成活的压力，进而激发农户的项目参与意愿。

8.3.4 边际接受意愿估计

边际接受意愿（Marginal Willingness to Accept，MWTA）的估计结果表明不同选择属性的消费者剩余（Consumer Surplus），以元/（$hm^2 \cdot a$）为单位表示（表 8-8）。若估计结果为负，则表明项目参与者愿意为该属性的改进而放弃一定量的补偿剩余（Compensation Surplus）；否则，当前补偿剩余不足以推动选择属性的改进，需要一些额外的补贴（Grosjean & Kontoleon，2009）。当没有政策措施引入项目时，参与者要求的平均最小补偿（$MWTA_{ASC}$）为 4 690 元/（$hm^2 \cdot a$），低于现行的"稻改旱"项目补贴标准[8 250 元/（$hm^2 \cdot a$）]。

就具体选择属性的 MWTA 而言，如果允许参与者自由中途退出项目，那么他们愿意接受 4 293 元/（$hm^2 \cdot a$）的收入损失；而其余三个属性则随着每一个属性单位的增加，参与者需要额外的补偿。根据 2.2.6 中介绍的估计方法，如果项目实施从现状水平（V_0）调整到最理想状态（V_1）（1 年合同期；允许中途自由退出；75%的造林成活率要求；无经济惩罚），那么参与者的总净接受意愿（Total Net Willingness to Accept，TWTA）则大幅下降到 65 元/（$hm^2 \cdot a$）。这也进一步验证了前面的发现，即通过调整项目策略和提供额外的支持服务，能够实现节约项目成本的目标。

考察不同乡镇的 MWTA 值可以看到，现状水平 MWTA（$MWTA_{ASC}$）的最低值出现在胡麻营乡，这表明该乡有较大的项目参与意愿。可见，增加本地非农就业机会会增加一定补贴水平上的农户项目参与率（Uchida et al.，2007；Grosjean & Kontoleon，2009；Groom et al.，2010）。创造更多的非农就业机会可以吸引更多合格的、有能力的劳动力返乡就业，借此当地乡镇可以向项目提供充足的劳动力资源。与此同时，充足的本地非农就业机会，也会让劳动力打消可能的有关收入或机会损失的顾虑，而这些损失都是由参与项目所引起的。汤河乡的情况则与胡麻营乡恰好相反，因此，应针对不同地区设计一些差异化的政策措施，以更大程度地实现项目成本有效性，节约项目资金使用。

8.4 小结与讨论

随着生态补偿项目在中国的飞速发展，将会有越来越多的"主动参与型"项目出现。在这类项目中，参与者无须提供他们的个人土地给项目，并且有权利选择参加或不参加项目。毫无疑问，"主动参与型"项目今后将在遏制环境退化和扶贫方面扮演更为重要的角色。然而，由于缺乏参与意愿、实施效率不高等原因，这类项目面临着成果长期维护、实施成效以及成本有效性等一系列问题。在这种情形下，本研究以"京冀生态水源林"项目为案例，探讨了农户对项目参与的偏好特征，用于建立一个有效的项目实施机制，来引导更加积极、有效的项目参与。

8.4.1 推进林地产权改革，激发农户参与积极性

目前的农户项目参与是纯粹自愿的，然而，由于较低的项目补贴和较高的劳动力机会成本，使得项目根本无法维持农户长期参与项目。本研究提出通过丰富收入来源的方法来增加参与农户的收入。具体调查中发现，密云水库上游地区并未完整地开展林地产权改革（Brandt & Rozelle，2002；Jacoby et al.，2002；Siikamäki et al.，2015）。除一小部分自留山和拓荒地以外，多数已经或将要实施项目的荒山或灌木林地依然掌握在村集体手中。显然，土地产权的不明晰削弱了农户可能做出的投资维护、改善土地质量的意愿（Grosjean & Kontoleon，2009；Groom et al.，2010），这样一来，除项目补贴外的其他收入来源（如林下经济）将受到限制。所以，伴随项目实施，应通过彻底、深入的林地产权改革，来向参与农户提供完整、稳定的土地产权。

8.4.2 创造本地非农就业机会，吸引合格劳动力参加项目

近年来，越来越多的农村青壮劳动力离家进城打工。本研究调查发现，绝大

多数农村留守劳动力为年老体弱者，他们也缺乏参与项目所需的有关知识和经验。由于缺乏年轻合格劳动力，导致存在项目实施（如造林成活率低）风险。因此，需要创造更多的本地非农就业机会，来吸引在外青壮劳动力返乡就业（Bowlus & Sicular，2003；Whalley & Zhang，2007；Groom et al.，2010）。例如，北京市政府已经在全市范围内大力推广林下经济产业（Peisert & Sternfeld，2005），本项目应该考虑在整个密云水库流域引进类似措施，如发展果树、中草药等经济作物，以摆脱存在于本地就业市场的束缚（Groom et al.，2010；Mullan & Kontoleon，2012）。与此同时，应该为项目参与者提供各种能力建设和技术服务，如针对育苗、造林、抚育等有关项目活动的具体技术指导，确保项目实施效益。

8.4.3　建立科学监测制度，确保项目顺利实施

"验收方法"对项目参与意愿的不显著影响，与"经济惩罚"的显著影响形成鲜明对比。这表明"经济惩罚"在一定程度上能够确保项目实施，但是过度使用有可能会降低农户参与意愿。同时，这一发现也表明，以前应用于"退耕还林"等类似生态补偿项目的监测验收制度，并不能有效确保本项目实施（Bennett，2008）。因此，应建立一套基于成效并结合经济激励机制的科学监测制度，来确保项目顺利实施。

8.4.4　根据当地社会经济特点，设计差异化的补偿策略

农户项目参与意愿在不同乡镇间随当地社会经济特征而变化，没有对项目在空间上做出区分，并进行更加有效的定位，这会降低项目实施效率（Uchida et al.，2005；Wunder et al.，2008；Wünscher et al.，2008）。因此，决策者应根据不同地区的项目参与意愿水平，考虑设计具体差异化的项目机制，增进当地农户的参与意愿（Bennett et al.，2014）。例如，对于诸如胡麻营之类有较高参与意愿的乡镇，应该搭配合理的项目补贴，为当地农户提供一些长期合同。

8.4.5　建立一套综合性社区参与治理模式，节约项目补贴成本

总体来看，"京冀生态水源林"项目补贴并不少于美国同类生态补偿项目，如 2016 年美国土地休耕保护项目（Conservation Reserve Program，CRP）的平均补贴金额为 705 元/（hm² · a）（USDA，2016）。可见，生态补偿项目的成功实施更多地取决于项目整体实施机制，而非项目补贴水平。图 8-3 和图 8-4 的项目参与概率模拟结果也印证了这一发现，采用一套综合性的政策组合，能够显著地节省项目补贴成本（Grosjean & Kontoleon，2009）。所以，应建立一整套包括项目实施前与农户协商、多合同方案选择、基于成效的项目监测、参与激励机制以及开展针对性的能力建设等一系列具体措施在内的项目整体实施机制，在更好地激发农户参与的同时节省项目成本。

9 结论与讨论

9.1 结论

本研究以北京市重要的饮用水水源地——密云水库流域为例，结合近年来推动实施的京冀区域森林景观恢复工作，以生态系统服务权衡理论和森林景观恢复技术理论为指导，采用系统工程、优化决策、贝叶斯统计学和生态经济等多种定量研究方法，探讨了流域森林景观恢复优先区划分和恢复技术策略问题，得出研究结论如下：

立地和子流域尺度上的森林景观恢复优先区划分结果表明：①绝大多数森林景观恢复优先区集中于水库上游河北省境内的潮白河流域，未来的森林景观恢复工作应以此为重点开展；②当前流域森林景观退化总体上表现为较高发生率，主要由水土流失所导致，而农业干扰和建设干扰的较低发生率主要与自 1998 年起密云水库流域实施较为严格的水源保护政策有关，应将水土流失治理作为今后森林景观恢复工作的一个重点；③通过对不同退化风险区立地指标的比较得出：社区生计活动和气候变化是另外两个流域森林景观退化的主要因素，应有针对性地采取治理措施。

对优先子流域划分结果进行敏感性分析后发现：①各个决策准则表现出不同程度的敏感性。自然环境类准则（坡度、水量、水质、森林覆盖率、农地面积比例、灌木面积比例、森林碳汇、森林水源涵养量）的敏感性明显高于社会经济类准则（人口密度、到最近乡镇距离、人均收入、第一产业从业人数比例）的敏感性，这是由于自然环境类准则具有较高的准则权重，显示出自然环境因素对于森林景观恢复决策的重要性。②森林景观恢复优先区（L1级和L2级）和非优先区（L3级）大体保持稳定，随着准则权重或配对比较分值的变化，它们之间极少发生相互转化，表明密云水库上游潮白河流域地区具有较高的森林景观恢复优先级，这一空间决策结果较为稳健，对于恢复工作实践具有很强的指导意义。

在森林景观恢复优先区划分的基础上，本研究进一步分别从恢复技术和社区参与两个角度，探讨了流域森林景观恢复技术策略。在恢复技术方面：①应考虑引进以近自然森林经营为核心的"以自然为本"的恢复技术理念，以最大限度地消除各种自然干扰和人为干扰对流域森林景观退化的影响。②无论木材生产经营目标，还是森林碳汇经营目标，开展长期森林经营规划（50年以上），较之短期森林经营规划（50年以内），均能够较好地实现经营目标，从而使森林逐步走上可持续经营之路。③在森林碳汇经营目标下，随着时间的推移，森林碳汇与木材采伐呈正相关关系。这主要是由于森林碳汇的主体是林木树干碳汇，森林采伐将树干碳汇转移至采伐碳汇中，而采伐后森林碳汇（包括地上部分和地下部分）会从幼龄林开始逐步恢复，造成在一定时期内森林碳汇总量的增加。④密云水库流域以中幼龄林为主的资源特点以及该地区生态区位的重要性，决定了单一的木材生产目标实际上是不可行的，不仅难以同时满足以水源涵养为主的其他多种生态系统服务需求，而且无法保证林场今后一段时期的经济可持续性。⑤开展森林碳汇结合木材生产的多目标经营是极具意义的。通过设计一定数量的木材采伐任务，逐步将成熟林的碳汇转移至耐用木制品（如建筑材料等）中，以采伐碳汇的形式储存起来。这不仅延长了森林碳汇存在的周期，避免了由于自然消亡或人为干扰（如森林火灾等）等造成的碳流失，同时通过采伐木材也获得了一定的经济效益，真正实现了森林可持续经营的目标。

在社区参与方面：①伴随森林景观恢复项目实施，应通过彻底、深入的林地产权改革，来激发农户参与积极性；②需要创造更多的本地非农就业机会，来吸引在外青壮劳动力返乡就业，提高森林景观项目实施质量；③应建立一套基于项目成效，并结合经济激励机制的科学监测制度，来确保森林景观恢复项目顺利实施；④应根据不同地区的项目参与意愿水平，来设计具体差异化的项目实施内容，改进当地农户参与意愿；⑤应建立一整套综合性社区参与治理模式，包括项目实施前与农户协商、多合同方案选择、基于成效的项目监测、参与激励机制以及开展针对性的能力建设等一系列具体措施，以更好地激发农户参与并节省项目投入。

9.2 创新点与研究展望

9.2.1 创新点

（1）本研究采用贝叶斯网络模型和 OWA 定量研究法，分别从立地和子流域两个尺度，综合确定了密云水库流域森林景观恢复优先区。其中，贝叶斯网络模型能够借助条件概率表，清楚地解释不同外界干扰对森林景观退化的协同效果，即哪种干扰主要或次要地造成森林景观退化，对于流域生态风险评估具有重要参考价值；OWA 法是一种有效的辅助决策技术，能够模拟不同决策风险水平，帮助决策者做出针对性安排（如资金、技术等），以实现优化森林景观恢复活动和资源的目标。

（2）根据森林景观恢复优先区划分结果，本研究从恢复技术和社区参与两个角度，分别探讨了具有可操作性的流域森林景观恢复技术策略，对于今后密云水库流域森林景观恢复工作具有较强的理论和实践指导意义。

9.2.2 研究展望

（1）森林景观恢复涉及多个尺度、多个业务领域、多个工作目标和多套评估准则，是一项较为复杂的系统工程，仅凭以往单一的技术手段或方法难以满足工作需要。因此，必须采用多种研究方法，从多个尺度、多个方面综合研究，来确定最佳的森林景观恢复方案策略。

（2）本研究在立地和子流域尺度上开展的评估，评估指标涉及林业、水利、社会经济等多个领域，通过不同手段或从不同部门获得，而由于时间所限，无法对大量数据进行逐一核实，数据准确度难以保证。此外，个别原先设定的指标存在数据无法获得的问题。这些因素会对决策结果产生一定程度的影响。因此，在今后的森林景观恢复决策中，在时间、预算允许的条件下，应科学合理地设计评估指标，加强数据质量控制，确保决策结果的科学性和准确性。

（3）由于目前缺乏针对密云水库流域不同林型多年水源涵养效益的准确评估和预测，导致本研究的森林景观恢复策略（第 7 章）仅讨论了"碳汇经营"和"木材生产"两种经营目标，而"水源涵养"可能对流域森林景观恢复的意义更为重大。因此，今后随相关研究取得进展，应将"水源涵养"经营目标纳入森林景观恢复优化策略评估中，以便获得更加科学、有效的恢复技术策略。

附　录

附表 1　密云水库流域所涉及的行政区域

市（县、区）	乡镇	面积/km²	合计/km²	占县区面积/%	占流域面积/%
密云	北庄	84.57	1 486.51	66.74	9.67
	不老屯	176.79			
	大城子	41.68			
	冯家峪	214.28			
	高岭	111.73			
	古北口	86.34			
	密云水库	176.83			
	穆家峪	4.53			
	石城	236.38			
	太师屯	190.62			
	溪翁庄镇	6.60			
	新城子	156.16			
怀柔	宝山镇	249.40	1 285.11	60.37	8.35
	渤海镇	0.40			
	长哨营乡	249.07			
	怀北镇	1.33			
	喇叭沟门乡	302.36			
	琉璃庙乡	226.62			
	汤河口镇	224.59			
	雁栖镇	31.34			

市（县、区）	乡镇	面积/km²	合计/km²	占县区面积/%	占流域面积/%
延庆	刘斌堡	40.13	728.63	36.57	4.74
	千家店	365.25			
	四海	104.85			
	香营	76.82			
	珍珠泉	141.58			
赤城	白草镇	240.64	5 270.65	100.00	34.27
	赤城镇	248.28			
	茨营子乡	273.25			
	大海陀乡	283.21			
	雕鹗镇	340.41			
	东卯镇	447.36			
	东万口乡	284.40			
	独石口镇	216.91			
	后城镇	363.70			
	龙关镇	286.51			
	龙门所镇	235.73			
	马营乡	316.45			
	炮梁乡	156.52			
	三道川乡	341.91			
	田家窑镇	198.34			
	样田乡	188.15			
	云州乡	519.22			
	镇宁堡乡	329.66			
丰宁	大阁镇	421.37	416.46	47.61	27.08
	黑山嘴镇	295.61			
	胡麻营乡	278.15			
	黄旗镇	337.29			
	窟窿山乡	274.93			
	南关蒙古族	382.11			
	石人沟乡	346.48			
	汤河乡	428.68			
	天桥镇	160.28			
	土城镇	358.00			
	五道营乡	363.44			
	小坝子乡	314.26			
	杨木栅子乡	203.98			

市（县、区）	乡镇	面积/km²	合计/km²	占县区面积/%	占流域面积/%
滦平	安纯沟门满族乡	156.41	1 414.35	44.27	9.20
	巴克什营镇	184.33			
	长山峪镇	2.89			
	邓厂满族乡	73.91			
	付家店满族乡	79.75			
	虎什哈镇	242.54			
	火斗山乡	157.92			
	涝洼乡	92.37			
	两间房乡	97.28			
	马营子满族乡	136.82			
	平坊满族乡	66.38			
	五道营子满族乡	123.73			
兴隆	北水泉乡	176.99	460.89	14.79	3.00
	六道河镇	173.54			
	上石洞乡	110.36			
沽源	丰源店乡	128.29	413.20	11.31	2.69
	后城镇	0.26			
	莲花滩乡	134.76			
	小厂镇	64.94			
	小河子乡	84.94			
崇礼	清三营乡	100.12	100.12	4.30	0.65
张家口	张家口市	21.92	21.92	0.06	0.14
承德	承德县	17.82	17.82	0.45	0.11
怀来	怀来县	16.26	16.26	0.91	0.10
合计		15 380.04			

注：以上数据是以 1：50 000 地形图的区县、乡镇边界为基础，建立流域空间数据库计算生成的。

附表 2　密云水库流域坡度市（县、区）分布情况　　　　　　　　　　单位：km²

市（县、区）	0～15°	15～25°	25～45°	＞45°	合计	25°以上陡坡占流域面积比例
密云	712.35	340.40	386.39	47.37	1 486.51	2.82%
怀柔	329.68	415.11	506.78	33.55	1 285.11	3.51%
延庆	190.76	208.68	295.09	34.10	728.63	2.14%
赤城	2 166.94	1 648.86	1 397.27	57.58	5 270.65	9.46%
丰宁	1 645.27	1 280.52	1 176.16	62.62	4 164.57	8.05%
滦平	493.40	461.25	435.50	24.20	1 414.35	2.99%
兴隆	89.52	120.38	221.52	29.47	460.89	1.63%
沽源	235.80	123.90	52.89	0.62	413.20	0.35%
崇礼	57.97	27.64	14.41	0.10	100.12	0.09%
张家口	14.66	4.34	2.87	0.05	21.92	0.02%
承德	3.07	5.47	8.89	0.39	17.82	0.06%
怀来	5.82	4.80	5.52	0.13	16.26	0.04%
合计	5 945.24	4 641.33	4 503.28	290.18	15 380.04	31.17%

附表 3　密云水库子流域信息

编号	子流域名称	省/市	区/县	河流	面积/km²
1	黄旗镇上窝铺流域	河北	丰宁	潮河	140.78
2	鹿角沟流域	河北	丰宁	潮河	61.20
3	土城镇榆树沟流域	河北	丰宁	潮河	73.58
4	小坝子乡小坝子流域	河北	丰宁	潮河	188.07
5	土城镇李泉窝铺流域	河北	丰宁	潮河	56.56
6	小坝子乡槽碾沟流域	河北	丰宁	潮河	66.16
7	土城镇亳松沟门流域	河北	丰宁	潮河	35.26
8	小厂镇棠梨沟流域	河北	沽源与赤城交界	白河	210.80
9	窟窿山乡高楼流域	河北	丰宁	潮河	282.49
10	土城镇洞上流域	河北	丰宁	潮河	19.47
11	丰源店乡盘镇沟流域	河北	沽源与赤城交界	白河	98.35
12	莲花滩乡榛子沟流域	河北	沽源与赤城交界	白河	82.81

编号	子流域名称	省/市	区/县	河流	面积/km²
13	马道口流域	河北	沽源与赤城交界	黑河	153.88
14	清三营乡李家窑流域	河北	沽源与赤城交界	白河	69.60
15	五道营乡十七道沟流域	河北	丰宁	潮河	212.15
16	大阁镇南三营流域	河北	丰宁	潮河	39.06
17	白草镇二道川流域	河北	赤城	黑河	60.60
18	小白草流域	河北	赤城	黑河	134.56
19	汤河乡龙潭村流域	河北	丰宁	潮河	62.26
20	猫峪流域	河北	赤城	白河	117.31
21	都市口流域	河北	赤城	白河	179.42
22	马营流域	河北	赤城	白河	142.95
23	大阁镇韩沟流域	河北	丰宁	潮河	81.64
24	杨坊流域	河北	赤城与崇礼交界	白河	158.07
25	石人沟乡山湾流域	河北	丰宁	潮河	136.13
26	青阳沟流域	河北	赤城	黑河	124.58
27	汤河乡红石山流域	河北	丰宁	潮河	88.56
28	石人沟乡东山神庙流域	河北	丰宁	潮河	85.54
29	大阁镇南岗子流域	河北	丰宁	潮河	80.60
30	汤河乡聊坡道流域	河北	丰宁	潮河	84.73
31	寺沟流域	河北	赤城	白河	98.66
32	镇鹌堡流域	河北	赤城	白河	192.09
33	汤河乡杨树沟流域	河北	丰宁	潮河	16.30
34	东万口乡北茨流域	河北	赤城	黑河	40.96
35	石人沟高营子流域	河北	丰宁	潮河	57.28
36	云州乡云州流域	河北	赤城	白河	50.76
37	胡麻营北道池流域	河北	丰宁	潮河	89.59
38	黑山嘴镇大营子流域	河北	丰宁	潮河	76.22
39	石人沟乡北沟流域	河北	丰宁	潮河	70.35
40	东栅子流域	河北	赤城	白河	111.76
41	汤河乡小窝铺流域	河北	丰宁	潮河	151.41
42	天桥镇下山嘴流域	河北	丰宁	潮河	34.32
43	天桥镇上方营流域	河北	丰宁	潮河	67.54
44	杨木栅子乡九宫号流域	河北	丰宁	潮河	61.69

编号	子流域名称	省/市	区/县	河流	面积/km²
45	黑山嘴镇西两间房流域	河北	丰宁	潮河	107.90
46	黑山嘴镇五道沟门流域	河北	丰宁	潮河	61.67
47	镇宁堡流域	河北	赤城	白河	125.50
48	茨营子流域	河北	赤城	黑河	198.53
49	喇叭沟门乡帽山流域	河北/北京	丰宁与怀柔交界	潮河	138.21
50	天桥镇红旗营流域	河北	丰宁与滦平交界	潮河	88.23
51	汤泉流域	河北	赤城	白河	150.11
52	大河北段流域	河北	滦平	潮河	16.64
53	茨营西沟流域	河北	赤城	黑河	193.04
54	喇叭沟门乡苗营流域	北京	怀柔	汤河	57.00
55	东卯镇井儿沟村流域	河北	赤城	黑河	68.44
56	冈子川流域	河北	滦平	潮河	222.95
57	五道营子满族乡流域	河北	滦平	潮河	265.95
58	小营流域	河北	赤城	白河	88.27
59	龙门所流域	河北	赤城	白河	262.38
60	三道河段流域	河北	滦平	潮河	67.14
61	长哨营乡八道河流域	北京	怀柔	汤河	155.55
62	前所流域	河北	赤城	白河	65.01
63	邓厂川流域	河北	滦平	潮河	95.78
64	杜家窑流域	河北	赤城	白河	101.88
65	八什汉川流域	河北	滦平	潮河	46.15
66	八里庄流域	河北	赤城	白河	59.29
67	龙关流域	河北	赤城	白河	128.01
68	雕鹗镇上互流域	河北	赤城	白河	54.55
69	双山寨流域	河北	赤城	白河	69.21
70	汤河镇小梁前流域	北京	怀柔	白河	84.29
71	火斗山川流域	河北	滦平	潮河	173.56
72	雕鹗镇康庄流域	河北	赤城	白河	13.81
73	汤河镇东帽湾流域	北京	怀柔	白河	0.27
74	汤河口镇古石沟门流域	北京	怀柔	汤河	130.43
75	祥田流域	河北	赤城	白河	103.33
76	营盘段流域	河北	滦平	潮河	67.66

编号	子流域名称	省/市	区/县	河流	面积/km²
77	巴克什营镇巴克什营流域	河北	滦平	潮河	11.27
78	长哨营乡古洞沟流域	北京	怀柔与密云交界	汤河	122.14
79	马营子川流域	河北	滦平	潮河	128.67
80	宝山镇流域	河北/北京	丰宁与怀柔交界	潮河	231.27
81	两间房川流域	河北	滦平	潮河	189.77
82	灰窑流域	河北	赤城	白河	24.21
83	万缺寺流域	河北/北京	赤城与延庆交界	黑河	154.21
84	汤河口镇东湾子流域	北京	怀柔	白河	51.10
85	宝山镇转年流域	北京	怀柔	白河	62.34
86	宝山镇西帽山流域	北京	怀柔与延庆交界	白河	50.95
87	东兴堡流域	河北	赤城	白河	52.01
88	古北口潮关流域	河北/北京	滦平与密云交界	潮河	60.50
89	千家店下德龙湾流域	北京	延庆	白河	123.71
90	缸房川流域	河北/北京	滦平与密云交界	潮河	101.61
91	雕鹗流域	北京	赤城	白河	83.97
92	雕鹗镇石头堡流域	北京	赤城	白河	53.59
93	承德县流域	河北/北京	兴隆与密云交界	安达木河	59.32
94	田家窑流域	河北	赤城与张家口交界	白河	245.37
95	高岭下会流域	北京	密云	潮河	35.85
96	石城棒水河流域	北京	密云与怀柔交界	潮河	188.44
97	高岭瑶亭流域	北京	密云	潮河	105.12
98	新城子遥桥峪流域	北京/河北	密云与兴隆交界	安达木河	240.24
99	大海陀流域	河北	赤城与怀来交界	白河	82.46
100	北庄营房流域	北京	密云	清水河	5.23
101	北水泉乡翻水泉流域	北京/河北	密云与兴隆交界	清水河	137.46
102	珍珠泉双金草流域	北京	延庆与怀柔交界	清水河	264.84
103	北庄流域	北京	密云	清水河	48.18
104	密云水库流域	北京	密云	清水河	99.70
105	上石洞山栅子流域	河北	兴隆	清水河	111.52
106	大城子苍术会流域	河北/北京	兴隆与密云交界	清水河	249.30
107	黄旗镇老虎沟门流域	河北	丰宁	潮河	102.78
108	杨木栅子乡东沟门流域	河北	丰宁	潮河	90.89

编号	子流域名称	省/市	区/县	河流	面积/km²
109	土城镇四间房流域	河北	丰宁	潮河	103.78
110	后城镇南卜子流域	河北	赤城	白河	150.68
111	涝洼川流域	河北/北京	滦平与密云交界	安达木河	65.22
112	三道营流域	河北/北京	赤城与延庆交界	黑河	294.51
113	炮梁流域	河北	赤城	白河	160.16
114	黄土岭流域	河北	赤城	白河	130.60
115	东卯镇三块石村流域	河北	赤城	黑河	87.10
116	喇叭沟门乡孙栅子流域	北京	怀柔	汤河	61.59
117	上斗营流域	河北	赤城与怀来交界	白河	160.51
118	白草流域	河北	赤城	黑河	96.92
119	白草镇马栅子流域	河北	赤城	黑河	13.83
120	张家营流域	河北	赤城	黑河	83.80
121	不老屯半城子流域	北京	密云	潮河	173.31
122	不老屯黄土坎流域	北京	密云	白河	84.48
123	大阁镇六间房流域	河北	丰宁	潮河	67.57
124	大阁镇四道河流域	河北	丰宁	潮河	64.39
125	大阁镇帐房沟流域	河北	丰宁	潮河	73.96
126	冯家峪白马关流域	北京	密云	白河	197.93
127	黑龙山流域	河北	赤城	黑河	109.78
128	后城流域	河北	赤城	白河	225.70
129	胡麻营乡姜营流域	河北	丰宁	潮河	195.06
130	黄旗沟南沟流域	河北	丰宁	潮河	145.40
131	琉璃庙乡鱼水洞流域	河北	丰宁	白河	246.30
132	南关蒙古族古房流域	河北	丰宁	潮河	197.96
133	南关蒙古族黄土梁流域	河北	丰宁	潮河	181.46
134	千家店六道河流域	北京/河北	延庆与赤城交界	白河	202.12
135	水堡子流域	北京	密云	白河	94.84
136	五道营乡南台流域	河北	丰宁	潮河	194.18

参考文献

[1] 北京市水务局，北京市财政局. 京冀两省"稻改旱"工程项目效益评估报告[R]. 北京市水务局，2010.

[2] 北京市水务局. 2016 年北京市水土保持公报[R]. 北京市水务局，2017.

[3] 毕小刚. 生态清洁小流域理论与实践[M]. 北京：中国水利水电出版社，2011.

[4] 卞西陈. 应用贝叶斯网络对冀北区森林健康预警[D]. 北京：北京林业大学，2012.

[5] 蔡毅，邢岩，胡丹. 敏感性分析综述[J]. 北京师范大学学报（自然科学版），2008，44（1）：9-16.

[6] 陈伯望，惠刚盈，Klaus von Gadow. 线性规划、模拟退火和遗传算法在杉木人工林可持续经营中的应用和比较[J]. 林业科学，2004，40（3）：80-87.

[7] 陈锦. 水源涵养林生态服务功能评估及优先区划分[D]. 北京：北京林业大学，2011.

[8] 陈良. 贝叶斯准则在生态农业功能区划中的应用——以江苏涟水为例[J]. 安徽农业科学，2008，36（12）：5213-5214.

[9] 陈思危，陈志强. 河北丰宁营造京冀生态水源林 2.4 万亩[EB/OL]. 人民网河北频道，（2015-09-10）[2016-07-01]. http://he.people.com.cn/n/2015/0910/c192235-26313086.html.

[10] 陈遐林. 华北主要森林类型的碳汇功能研究[D]. 北京：北京林业大学，2003.

[11] 戴尔阜，王晓莉，朱建佳，等. 生态系统服务权衡：方法、模型与研究框架[J]. 地理研究，2016，35（6）：1005-1016.

[12] 邓军，李钢，李益兵. 模拟退火算法在土地利用总体规划中的应用[J]. 国土资源科技管理，2007，24（6）：101-103.

[13] 狄文彬，杜鹏志. 对北京市森林资源现状及未来发展趋势的探讨[J]. 山东林业科技，2012，42（3）：128-130.

[14] 董灵波，孙云霞，刘兆刚. 基于碳和木材目标的森林空间经营规划研究[J]. 北京林业大学学报，2017，39（1）：52-61.

[15] 范杰. 退稻还旱工程的成本有效性及其对农户的福利影响[D]. 北京：北京大学，2011.

[16] 傅伯杰，陈利顶，马克明，等. 景观生态学原理及应用[M]. 北京：科学出版社，2001.

[17] 傅伯杰，于丹丹. 生态系统服务权衡与集成方法[J]. 资源科学，2016，38（1）：1-9.

[18] 甘敬. 北京山区森林健康评价研究[D]. 北京：北京林业大学，2008.

[19] 高蓓，卫海燕，郭彦龙，等. 基于层次分析法和 GIS 的秦岭地区魔芋潜在分布研究[J]. 生态学报，2015，35（21）：7108-7116.

[20] 高俊刚，吴雪，张镱锂，等. 基于等级层次分析法的金沙江下游地区生态功能分区[J]. 生态学报，2016，36（1）：134-147.

[21] 龚诗涵，肖洋，郑华，等. 中国生态系统水源涵养空间特征及其影响因素[J]. 生态学报，2017，37（7）：2455-2462.

[22] 关小东，何建华. 基于贝叶斯网络的基本农田划定方法[J]. 自然资源学报，2016（6）：1061-1072.

[23] 国家环境保护总局，国家质量监督检验检疫总局. 地表水环境质量标准（GB 3838—2002）[S]. 北京：中国环境科学出版社，2002.

[24] 国家林业局. 造林项目碳汇计量与监测指南[M]. 北京：中国林业出版社，2008.

[25] 国家林业局. 森林经营碳汇项目方法学[S]. 北京：中国林业出版社，2014.

[26] 郭金玉，张忠彬，孙庆云. 层次分析法的研究与应用[J]. 中国安全科学学报，2008，18（5）：148-153.

[27] 韩文权，常禹，胡远满，等. 基于 GIS 的四川岷江上游杂谷脑流域农林复合景观格局优化[J]. 长江流域资源与环境，2012，21（2）：231.

[28] 洪晓峰. 基于多目标模拟退火的村镇土地利用调控决策支持研究[D]. 武汉：武汉大学，2011.

[29]　胡志斌，何兴元，李月辉，等. 岷江上游农林复合景观管理优先度评价[J]. 农业工程学报，2007，23（12）：63-69.

[30]　黄金燕. 贝叶斯网络在数字化森林生态站中的应用研究[D]. 北京：北京林业大学，2007.

[31]　李博，杨持，林鹏. 生态学[M]. 北京：高等教育出版社，2000.

[32]　李皓，张克斌，杨晓晖，等. 密云水库流域"稻改旱"生态补偿农户参与意愿分析[J]. 生态学报，2017，37（20）：6953-6962.

[33]　李金良，施志国，等. 林业碳汇项目方法学[M]. 北京：中国林业出版社，2016.

[34]　李双成，张才玉，刘金龙，等. 生态系统服务权衡与协同研究进展及地理学研究议题[J]. 地理研究，2013，32（8）：1379-1390.

[35]　李屹峰，罗跃初，刘纲，等. 土地利用变化对生态系统服务功能的影响——以密云水库流域为例[J]. 生态学报，2013，33（3）：726-736.

[36]　李月辉，常禹，胡远满，等. 人类活动对森林景观影响研究进展[J]. 林业科学，2006，42（9）：119-126.

[37]　梁欢欢，安达，王月，等. 基于 OAT-GIS 技术的地下水污染风险评估指标权重敏感性分析[J]. 环境工程技术学报，2016，6（2）：139-146.

[38]　梁义成，刘纲，马东春，等. 区域生态合作机制下的可持续农户生计研究——以"稻改旱"项目为例[J]. 生态学报，2013，33（3）：693-701.

[39]　林伟华，伍永刚，毛典辉，等. 基于朴素贝叶斯的区域水土流失评价方法研究[J]. 人民黄河，2007，29（12）：71-73.

[40]　刘纪远，庄大方，张增祥，等. 中国土地利用时空数据平台建设及其支持下的相关研究[J]. 地球信息科学学报，2002，4（3）：3-7.

[41]　刘莉，刘国良，陈绍志，等. 以多功能为目标的森林模拟优化系统（FSOS）的算法与应用前景[J]. 应用生态学报，2011，22（11）：3067-3072.

[42]　刘未鹏. 暗时间[M]. 北京：电子工业出版社，2014.

[43]　刘耀林，夏寅，刘殿锋，等. 基于目标规划与模拟退火算法的土地利用分区优化方法[J]. 武汉大学学报（信息科学版），2012，37（7）：762-765.

[44] 刘焱序，彭建，韩忆楠，等. 基于 OWA 的低丘缓坡建设开发适宜性评价——以云南大理白族自治州为例[J]. 生态学报，2014，34（12）：3188-3197.

[45] 罗云建，王效科，张小全，等. 中国森林生态系统生物量及其分配研究[M]. 北京：中国林业出版社，2013.

[46] 欧洋，王晓燕，耿润哲. 密云水库上游流域不同尺度景观特征对水质的影响[J]. 环境科学学报，2012，32（5）：1219-1226.

[47] 欧阳君祥. 模拟退火法在汪清林业局森林可持续经营决策中的应用研究[J]. 林业资源管理，2005（6）：55-58.

[48] 彭国甫，李树丞，盛明科. 应用层次分析法确定政府绩效评估指标权重研究[J]. 中国软科学，2004（6）：136-139.

[49] 秦松雄. 2015. https://www.zhihu.com/question/20587681/answer/23060072.

[50] 邱晨辉. 北京人均水资源仅为全国平均水平的 1/20[N]. 中国青年报，2017-06-13.

[51] 全国农业区划委员会. 土地利用现状调查技术规程[M]. 北京：中国农业出版社，1984.

[52] 吴军. 数学之美[M]. 北京：人民邮电出版社，2014.

[53] 吴殿廷，李东方. 层次分析法的不足及其改进的途径[J]. 北京师范大学学报（自然科学版），2004，40（2）：264-268.

[54] 邬建国. 景观生态学：格局、过程、尺度与等级（第二版）[M]. 北京：高等教育出版社，2007.

[55] 王大尚，李屹峰，郑华，等. 密云水库上游流域生态系统服务功能空间特征及其与居民福祉的关系[J]. 生态学报，2014，34（1）：70-81.

[56] 王海滨. 生态资本运营[M]. 北京：中国农业大学出版社，2009.

[57] 王九龄，李荫秀. 北京森林史辑要[M]. 北京：北京科学技术出版社，1992.

[58] 王新生，姜友华. 模拟退火算法用于产生城市土地空间布局方案[J]. 地理研究，2004，23（6）：727-735.

[59] 王小平，陆元昌，秦永胜，等. 北京近自然森林经营技术指南[M]. 北京：中国林业出版社，2008.

[60] 王小平，庄昊，秦永胜，等. 森林景观恢复手册：引进版[M]. 北京：中国林业出版社，2011.

[61] 王新怡. 模拟退火算法在白河林业局森林经营规划中的应用[D]. 北京：北京林业大学，2007.

[62] 王彦阁. 密云水库流域土地利用时空变化及景观恢复保护区划[D]. 北京：中国林业科学研究院，2010.

[63] 夏兵. 华北土石山区大中尺度流域森林景观优化研究[D]. 北京：北京林业大学，2009.

[64] 夏兵，鲁绍伟，王玉华，等. 潮白河流域森林景观动态变化研究[J]. 林业资源管理，2011（4）：76-81.

[65] 肖燚，欧阳志云，朱春全，等. 岷山地区大熊猫生境评价与保护对策研究[J]. 生态学报，2004，24（7）：1373-1379.

[66] 谢春华. 北京密云水库集水区森林景观生态健康研究[D]. 北京：北京林业大学，2005.

[67] 谢花林，李秀彬. 基于 GIS 的农村住区生态重要性空间评价及其分区管制——以兴国县长冈乡为例[J]. 生态学报，2011，31（1）：230-238.

[68] 徐崇刚，胡远满，常禹，等. 生态模型的灵敏度分析[J]. 应用生态学报，2004，15（6）：1056-1062.

[69] 徐中民，张志强，龙爱华，等. 环境选择模型在生态系统管理中的应用——以黑河流域额济纳旗为例[J]. 地理学报，2003，58（3）：398-405.

[70] 亚洲开发银行，河北省财政厅. "河北省发展战略研究"专题报告[R]. 亚洲开发银行，2004.

[71] 严恩萍，林辉，党永峰，等. 2000—2012 年京津风沙源治理区植被覆盖时空演变特征[J]. 生态学报，2014，34（17）：5007-5020.

[72] 余新晓，李秀彬，夏兵. 森林景观格局与土地利用/覆被变化及其生态水文响应[M]. 北京：科学出版社，2010.

[73] 余新晓，郑江坤，王友生. 人类活动与气候变化的流域生态水文响应[M]. 北京：科学出版社，2013.

[74] 於家，陈芸，刘静怡，等. 基于 OAT 的空间多准则决策中的权重敏感性分析[J]. 资源科

学，2014，36（9）：1870-1879.

[75] 游先祥. 遥感原理及在资源环境中的应用[M]. 北京：中国林业出版社，2003.

[76] 翟国梁，张世秋，Kontoleon，等. 选择实验的理论和应用——以中国退耕还林为例[J]. 北京大学学报（网络版：预印本），2007，43（2）：235-239.

[77] 张洪江. 土壤侵蚀原理（第二版）[M]. 北京：中国林业出版社，2008.

[78] 张洪亮，李芝喜，王人潮，等. 基于 GIS 的贝叶斯统计推理技术在印度野牛生境概率评价中的应用[J]. 遥感学报，2000，4（1）：66-70.

[79] 张洪亮. 一种基于 GIS 的森林分类专家系统（FCGES）理论与方法[J]. 云南地理环境研究，2000，12（1）：54-58.

[80] 张昆，许世远，王军. 模拟退火算法在生态保护区空间选址中的应用——以澳大利亚蓝山保护区为例[J]. 华东师范大学学报（自然科学版），2010（2）：1-8.

[81] 张连文，郭海鹏. 贝叶斯网引论[M]. 北京：科学出版社，2006.

[82] 张晓红，黄清麟，张超. 森林景观恢复研究综述[J]. 世界林业研究，2007，20（1）：22-28.

[83] 张振明，余新晓，朱建刚. 多水平贝叶斯模型预测森林土壤全氮[J]. 生态学报，2009，29（10）：5675-5683.

[84] 赵焕臣. 层次分析法：一种简易的新决策方法[M]. 北京：科学出版社，1986.

[85] 赵小娟，叶云，周晋皓，等. 珠三角丘陵区耕地质量综合评价及指标权重敏感性分析[J]. 农业工程学报，2017，33（8）：226-235.

[86] 中华人民共和国水利部. 小流域划分及编码规范（SL 653—2013）[S]. 北京：中国水利水电出版社，2014.

[87] 周峰，许有鹏，石怡. 基于 AHP-OWA 方法的洪涝灾害风险区划研究——以秦淮河中下游地区为例[J]. 自然灾害学报，2012（6）：83-90.

[88] [美]Jaynes E. T. 概率论沉思录[M]. 北京：人民邮电出版社，2009.

[89] Adamowicz W，Louviere J，Swait J. An introduction to attribute-based stated choice methods. The National Oceanic and Atmospheric Administration，US Department of Commerce，1998.

[90] Adhikari B，Boag G. Designing payments for ecosystem services schemes: some considerations.

Current Opinion in Environmental Sustainability，2013，5（1）：72-77.

[91]　Al-Harbi AS. Application of the AHP in project management. International Journal of Project Management，2001，19（1）：19-27.

[92]　Allaire DL，Willcox KE. A variance-based sensitivity index function for factor prioritization. Reliability Engineering & System Safety，2012，107（11）：107-114.

[93]　Allen CD. Ecological perspective：linking ecology，GIS，and remote sensing to ecosystem management. Washington，DC：Island Press，1994.

[94]　Anderson SM，Landis WG. A pilot application of regional scale risk assessment to the forestry management of the upper grande ronde watershed，oregon. Human and Ecological Risk Assessment：an International Journal，2012，18（4）：705-732.

[95]　Arriagada RA，Sills EO，Ferraro PJ，et al. Do payments pay off？Evidence from participation in Costa Rica's PES program. PLoS ONE，2015，10（7）.

[96]　Ayre KK，Landis WG. A bayesian approach to landscape ecological risk assessment applied to the upper grande ronde watershed，oregon. Human and Ecological Risk Assessment：an International Journal，2012，18（5）：946-70.

[97]　Baird DJ，Rubach MN，Van dB，et al. Trait‐based ecological risk assessment（TERA）：the new frontier? Integrated Environmental Assessment & Management，2008，4（1）：2.

[98]　Baskent EZ，Jordan GA. Forest landscape management modeling using simulated annealing. Forest Ecology & Management，2002，165（1）：29-45.

[99]　Beharry-Borg N，Smart JCR，Termansen M，et al. Evaluating farmers' likely participation in a payment programme for water quality protection in the UK uplands. Regional Environmental Change，2013，13（3）：633-647.

[100]Bennett EM，Peterson GD，Gordon L. Understanding relationships among multiple ecosystem services. Ecology Letters，2009，12（12）：1394-1404.

[101]Bennett G，Nathaniel C. Gaining depth：State of watershed investment 2014. Washington D.C.：Forest Trends，2014.

[102] Bennett MT. China's sloping land conversion program: institutional innovation or business as usual? Ecological Economics, 2008, 65 (4): 699-711.

[103] Bennett MT, Mehta A, Xu J. Incomplete property rights, exposure to markets and the provision of environmental services in China. China Economic Review, 2011, 22 (4): 485-498.

[104] Bennett MT, Xie C, Hogarth N, et al. China's conversion of cropland to forest program for household delivery of ecosystem services: how important is a local implementation regime to survival rate outcomes? Forests, 2014, 5 (9): 2345-2376.

[105] Borges P, Eid T, Bergseng E. Applying simulated annealing using different methods for the neighborhood search in forest planning problems. European Journal of Operational Research, 2014, 233 (3): 700-710.

[106] Boroushaki S, Malczewski J. Implementing an extension of the analytical hierarchy process using ordered weighted averaging operators with fuzzy quantifiers in ArcGIS. Computers & Geosciences, 2008, 34 (4): 399-410.

[107] Borsuk ME, Reichert P, Peter A, et al. Assessing the decline of brown trout (Salmo trutta) in Swiss rivers using a Bayesian probability network. Ecological Modelling, 2006, 192 (1-2): 224-44.

[108] Bowlus AJ, Sicular T. Moving toward markets? Labor allocation in rural China. Journal of Development Economics, 2003, 71 (2): 561-583.

[109] Brandt L, Rozelle S. Land rights in rural China: facts, fictions and issues. The China Journal, 2002, 47 (47): 67-97.

[110] Bremer LL, Farley KA, Lopez-Carr D, et al. Conservation and livelihood outcomes of payment for ecosystem services in the Ecuadorian Andes: What is the potential for "win–win"? Ecosystem Services, 2014, 8: 148-65.

[111] Bulte EH, Lipper L, Stringer R, Zilberman D. Payments for ecosystem services and poverty reduction: concepts, issues, and empirical perspectives. Environment and Development Economics, 2008, 13 (3).

[112] Carpenter SR，Mooney HA，Agard J，et al. Science for managing ecosystem services：beyond the millennium ecosystem assessment. Proceedings of the National Academy of Sciences，2009，106（5）：1305-1312.

[113] Chen H，Wood MD，Linstead C，et al. Uncertainty analysis in a GIS-based multi-criteria analysis tool for river catchment management. Environmental Modelling & Software，2011，26（4）：395-405.

[114] Chen K，Blong R，Jacobson C. MCE-RISK：integrating multicriteria evaluation and GIS for risk decision-making in natural hazards. Environmental Modelling & Software，2001，16（4）：387-397.

[115] Chen Y，Khan S，Paydar Z. To retire or expand? A fuzzy GIS-based spatial multi-criteria evaluation framework for irrigated agriculture. Irrigation and Drainage，2010，59（2）：174-188.

[116] Chen Y，Liu R，Barrett D，et al. A spatial assessment framework for evaluating flood risk under extreme climates. Science of the Total Environment，2015，512-538.

[117] Chen Y，Yu J，Khan S. The spatial framework for weight sensitivity analysis in AHP-based multi-criteria decision making. Environmental Modelling & Software，2013，48：129-140.

[118] Chen Y，Yu J，Khan S. Spatial sensitivity analysis of multi-criteria weights in GIS-based land suitability evaluation. Environmental Modelling & Software，2010，25（12）：1582-1591.

[119] Costanza R，d'Arge R，de Groot R，et al. The value of the world's ecosystem services and natural capital. Nature，1997，387：253-260.

[120] Costanza R，Groot RD，Braat L，et al. Twenty years of ecosystem services：how far have we come and how far do we still need to go? Ecosystem Services，2017，28：1-16.

[121] Crome FHJ，Thomas MR，Moore LA. A novel bayesian approach to assessing impacts of rain forest logging. Ecological Applications，1996，6（4）：1104-1123.

[122] Démurger S，Pelletier A. Volunteer and satisfied? Rural households' participation in a payments for environmental services programme in Inner Mongolia. Ecological Economics，2015，116：25-33.

[123] Daily GC, Polasky S, Goldstein J, et al. Ecosystem services in decision making: time to deliver. Frontiers in Ecology and the Environment, 2009, 7 (1): 21-28.

[124] Dale M, Wicks J, Mylne K, et al. Probabilistic flood forecasting and decision-making: an innovative risk-based approach. Natural Hazards, 2012, 70 (1): 159-172.

[125] Daniel C. One-at-a-Time plans. Journal of the American Statistical Association, 1973, 68 (342): 353-360.

[126] Dow CL, Arscott DB, Newbold JD. Relating major ions and nutrients to watershed conditions across a mixed-use, water-supply watershed. Journal of the North American Benthological Society, 2006, 25 (4): 887-911.

[127] Dupraz P, Vermersch D, Frahan BHD, et al. The environmental supply of farm households: A flexible willingness to accept model. Environmental and Resource Economics, 2003, 25 (2): 171-189.

[128] Eastman JR. IDRISI Selva Tutorial Worcester: Clark Labs. Clark University, 2012.

[129] Ellison D, Morris CE, Locatelli B, et al. Trees, forests and water: Cool insights for a hot world. Global Environmental Change, 2017, 43: 51-61.

[130] Engel S, Pagiola S, Wunder S. Designing payments for environmental services in theory and practice: An overview of the issues. Ecological Economics, 2008, 65 (4): 663-674.

[131] Falconer K. Farm-level constraints on agri-environmental scheme participation: a transactional perspective. Journal of Rural Studies, 2000, 16 (3): 379-394.

[132] Farley J, Costanza R. Payments for ecosystem services: from local to global. Ecological Economics, 2010, 69 (11): 2060-2068.

[133] Feng Z, Yang Y, Zhang Y, et al. Grain-for-Green policy and its impacts on grain supply in West China. Land Use Policy, 2005, 22 (4): 301-312.

[134] Fisher J. No pay, no care? A case study exploring motivations for participation in payments for ecosystem services in Uganda. Oryx, 2012, 46 (1): 45-54.

[135] Fulcher C, Prato T, Barnett Y. Economic and environmental impact assessment using

WAMADSS. Hawaii International Conference on Systems Sciences，1999.

[136] Gauvin C，Uchida E，Rozelle S，et al. Cost-effectiveness of payments for ecosystem services with dual goals of environment and poverty alleviation. Environmental management，2010，45（3）：488-501.

[137] Geneletti D. A GIS-based decision support system to identify nature conservation priorities in an alpine valley. Land Use Policy，2004，21（2）：149-160.

[138] Goldstein JH，Caldarone G，Duarte TK，et al. Integrating ecosystem-service tradeoffs into land-use decisions. Proceedings of the National Academy of Sciences，2012，109（19）：7565-7570.

[139] Gorsevski PV，Donevska KR，Mitrovski CD，et al. Integrating multi-criteria evaluation techniques with geographic information systems for landfill site selection: a case study using ordered weighted average. Waste Management，2012，32（2）：287-296.

[140] Grant GE，Tague CL，Allen CD. Watering the forest for the trees: an emerging priority for managing water in forest landscapes. Frontiers in Ecology and the Environment，2013，11（6）：314-321.

[141] Greene R，Devillers R，Luther JE，et al. GIS-based multiple-criteria decision analysis. Geography Compass，2011，5（6）：412-432.

[142] Groom B，Grosjean P，Kontoleon A，et al. Relaxing rural constraints: a "win-win" policy for poverty and environment in China? Oxford Economic Papers，2010，62（1）：132-156.

[143] Groot RSD，Brander L，van der Ploeg S，et al. Global estimates of the value of ecosystems and their services in monetary units. Ecosystem Services，2012，1（1）：50-61.

[144] Grosjean P，Kontoleon A. How sustainable are sustainable development programs? the case of the sloping land conversion program in China. World Development，2009，37（1）：268-285.

[145] Gulsrud NM，Hertzog K，Shears I. Innovative urban forestry governance in Melbourne? Investigating "green placemaking" as a nature-based solution. Environmental Research，2017，161：158-167.

[146] Guo Z，Xiao X，Gan Y，et al. Landscape planning for a rural ecosystem：case study of a resettlement area for residents from land submerged by the Three Gorges Reservoir，China. Landscape Ecology，2003，18（5）：503-512.

[147] Gutzwiller KJ，Barrow WC. Influences of roads and development on bird communities in protected Chihuahuan Desert landscapes. Biological Conservation，2003，113（2）：225-237.

[148] Hanley N，Wright RE，Adamowicz V. Using choice experiments to value the environment. Environmental and Resource Economics，1998，11（3）：413-428.

[149] Hegde R，Bull GQ，Wunder S，et al. Household participation in a payments for environmental services programme：the Nhambita forest carbon project（Mozambique）．Environment and Development Economics，2014，20（5）：611-629.

[150] Hill MJ，Braaten R，Veitch SM，et al. Multi-criteria decision analysis in spatial decision support：the ASSESS analytic hierarchy process and the role of quantitative methods and spatially explicit analysis. Environmental Modelling & Software，2005，20（7）：955-976.

[151] Hope BK. An examination of ecological risk assessment and management practices. Environment International，2006，32（8）：983-995.

[152] Hu C，Fu B，Chen L，et al. Farmer's attitudes towards the Grain-for-Green programme in the Loess hilly area，China：a case study in two small catchments. International Journal of Sustainable Development & World Ecology，2006，13（3）：211-220.

[153] Hyde KM，Maier HR，Colby C. Reliability-based approach to multicriteria decision analysis for water resources. Journal of Water Resources Planning and Management，2004，130（6）：429-438.

[154] Hyde KM，Maier HR，Colby CB. A distance-based uncertainty analysis approach to multi-criteria decision analysis for water resource decision making. Journal of Environmental Management，2005，77（4）：278-290.

[155] Hyde KM，Maier HR. Distance-based and stochastic uncertainty analysis for multi-criteria decision analysis in Excel using visual basic for applications. Environmental Modelling &

Software，2006，21（12）：1695-1710.

[156] Ianni E，Geneletti D. Applying the ecosystem approach to select priority areas for forest landscape restoration in the Yungas，northwestern argentina. Environmental Management，2010，46（5）：748-760.

[157] Ingram JC，Wilkie D，Clements T，et al. Evidence of payments for ecosystem services as a mechanism for supporting biodiversity conservation and rural livelihoods. Ecosystem Services，2014，7：10-21.

[158] ITTO，IUCN. Restoring forest landscapes：an introduction to the art and science of forest landscape restoration. Yokohama，Japan：ITTO，2005.

[159] IUCN，WRI. A guide to the restoration opportunities assessment methodology（ROAM）：Assessing forest landscape restoration opportunities at the national or sub-national level. Gland，Switzerland：IUCN，2014.

[160] Jacobs K，Lebel L，Buizer J，et al. Linking knowledge with action in the pursuit of sustainable water-resources management. Proceedings of the National Academy of Sciences，2016，113（17）：4591-4596.

[161] Jacoby HG，Li G，Rozelle S. Hazards of expropriation：Tenure insecurity and investment in rural China. The American Economic Review，2002，92（5）：1420-1447.

[162] Jenkins M. An overview of payments for ecosystem services. New York：Springer，2012.

[163] Jiang H，Eastman JR. Application of fuzzy measures in multi-criteria evaluation in GIS. International Journal of Geographical Information Science，2000，14（2）：173-184.

[164] König HJ，Zhen L，Helming K，et al. Assessing the impact of the Sloping Land Conversion Programme on rural sustainability in Guyuan，Western China. Land Degradation & Development，2014，25（4）：385-396.

[165] Karahali□l U，Keleş S，Başkent EZ，et al. Integrating soil conservation，water production and timber production values in forest management planning using linear programming. African Journal of Agricultural Research，2009，4（11）：1241-1250.

[166] Kerhoulas LP, Kolb TE, Koch GW. Tree size, stand density, and the source of water used across seasons by ponderosa pine in northern Arizona. Forest Ecology & Management, 2013, 289 (2): 425-433.

[167] Kirkpatrick S, Jr GC, Vecchi MP. Optimization by simulated annealing. Science, 1983, 220 (4598): 671.

[168] Kosoy N, Corbera E, Brown K. Participation in payments for ecosystem services: Case studies from the Lacandon rainforest, Mexico. Geoforum, 2008, 39 (6): 2073-2083.

[169] Kurttila M, Pesonen M, Kangas J, et al. Utilizing the analytic hierarchy process (AHP) in SWOT analysis — a hybrid method and its application to a forest-certification case. Forest Policy & Economics, 2000, 1 (1): 41-52.

[170] Lamb D, Gilmour D. Rehabilitation and restoration of degraded forests. Gland, Switherland: IUCN & WWF, 2003.

[171] Landis WG, Wiegers JK. Regional scale ecological risk assessment using the relative risk model. FL, USA: CRC Press; 2005.

[172] Li H, Bennett MT, Jiang X, et al. Rural Household Preferences for Active Participation in "Payment for Ecosystem Service" Programs: A Case in the Miyun Reservoir Catchment, China. PLoS One, 2017, 12 (1): e0169483.

[173] Li H, Yang X, Zhang X, et al. Estimation of rural households' willingness to accept two PES programs and their service valuation in the Miyun Reservoir Catchment, China. Sustainability, 2018, 10 (1): 170.

[174] Li J, Feldman MW, Li S, et al. Rural household income and inequality under the sloping land conversion program in western China. Proceedings of the National Academy of Sciences of the United States of America, 2011, 108 (19): 7721-7726.

[175] LINDO. What's Best! 14.0 Chicago: LINDO Systems Inc.; 2016.

[176] Liquete C, Udias A, Conte G, et al. Integrated valuation of a nature-based solution for water pollution control. Highlighting hidden benefits. Ecosystem Services, 2016, 22: 392-401.

[177] Liu G，Han S. Long-term forest management and timely transfer of carbon into wood products help reduce atmospheric carbon. Ecological Modelling，2009，220（13-14）：1719-1723.

[178] Liu G，Han S，Zhao X，et al. Optimisation algorithms for spatially constrained forest planning. Ecological Modelling，2006，194（4）：421-428.

[179] Liu G，Nelson JD，Wardman CW. A target-oriented approach to forest ecosystem design - changing the rules of forest planning. Ecological Modelling，2000，127（2–3）：269-281.

[180] Liu J，Li S，Ouyang Z，et al. Ecological and socioeconomic effects of China's policies for ecosystem services. Proceedings of the National Academy of Sciences of the United States of America，2008，105（28）：9477-9482.

[181] Liu J，Yang W. Integrated assessments of payments for ecosystem services programs. Proceedings of the National Academy of Sciences of the United States of America，2013，110（41）：16297-16298.

[182] Liu R，Chen Y，Wu J，et al. Assessing spatial likelihood of flooding hazard using naïve Bayes and GIS：a case study in Bowen Basin，Australia. Stochastic Environmental Research and Risk Assessment，2015，30（6）：1575-1590.

[183] Liu R，Chen Y，Wu J，et al. Integrating entropy-based Naive Bayes and GIS for spatial evaluation of flood hazard. Risk analysis：an official publication of the Society for Risk Analysis，2017，37（4）：756-773.

[184] MA. Ecosystems and human well-being - a framework for assessment. Washington D.C.：Island Press，2003.

[185] MA. Ecosystems and human well-being - multiscale assessments. Washington D.C.：Island Press；2005.

[186] Mahanty S，Suich H，Tacconi L. Access and benefits in payments for environmental services and implications for REDD+：Lessons from seven PES schemes. Land Use Policy，2013，31：38-47.

[187] Maidment DR. Handbook of Hydrology. New York：McGraw-Hill，1993.

[188] Makropoulos CK，Butler D. Spatial ordered weighted averaging：incorporating spatially variable attitude towards risk in spatial multi-criteria decision-making. Environmental Modelling & Software，2006，21（1）：69-84.

[189] Malczewski J. GIS-based land-use suitability analysis：a critical overview. Progress in Planning，2004，62（1）：3-65.

[190] Malczewski J. GIS and multicriteria decision analysis. New York：John Wiley，1999.

[191] Malczewski J. On the Use of weighted linear combination method in GIS：common and best practice approaches. Transactions in GIS，2000，4（1）：5-22.

[192] Malczewski J. Ordered weighted averaging with fuzzy quantifiers：GIS-based multicriteria evaluation for land-use suitability analysis. International Journal of Applied Earth Observation and Geoinformation，2006，8（4）：270-277.

[193] Malczewski J，Chapman T，Flegel C，et al. GIS - multicriteria evaluation with ordered weighted averaging（OWA）：case study of developing watershed management strategies. Environment and Planning A，2003，35（10）：1769-1784.

[194] Malczewski J，Liu X. Local ordered weighted averaging in GIS-based multicriteria analysis. Annals of GIS，2014，20（2）：117-129.

[195] Manache G，Melching CS. Identification of reliable regression- and correlation-based sensitivity measures for importance ranking of water-quality model parameters. Environmental Modelling & Software，2008，23（5）：549-562.

[196] Marcot BG. Characterizing species at risk I：Modeling rare species under the northwest forest plan. Ecology & Society，2006，11（2）：473-482.

[197] Marcot BG，Steventon JD，Sutherland GD，et al. Guidelines for developing and updating Bayesian belief networks applied to ecological modeling and conservation. Canadian Journal of Forest Research，2006，36（12）：3063-3074.

[198] Martin A，Gross-Camp N，Kebede B，et al. Measuring effectiveness，efficiency and equity in an experimental payments for ecosystem services trial. Global Environmental Change，2014，

28（1）：216-226.

[199] Martins VN，Silva DSE，Cabral P. Social vulnerability assessment to seismic risk using multicriteria analysis：the case study of Vila Franca do Campo（So Miguel Island，Azores，Portugal）. Natural Hazards，2012，62（2）：385-404.

[200] McCann RK，Marcot BG，Ellis R. Bayesian belief networks：Applications in ecology and natural resource management. Canadian Journal of Forest Research，2006，36（12）：3053-3062.

[201] Merritt WS，Croke BFW，Jakeman AJ. Sensitivity testing of a model for exploring water resources utilisation and management options. Environmental Modelling & Software，2005，20（8）：1013-1030.

[202] Miranda M，Porras IT，Moreno ML. Social impacts of payments for environmental services in Costa Rica：a quantitative field survey and analysis of the Virilla watershed. International Institute for Environment and Development（IIED），2003.

[203] Montagnini F，Finney C. Payments for environmental services in Latin America as a tool for restoration and rural development. Ambio，2011，40（3）：285-297.

[204] Moreno G，Cubera E. Impact of stand density on water status and leaf gas exchange in Quercus ilex. Forest Ecology & Management，2008，254（1）：74-84.

[205] Morrison M，Bennett J，Blamey R，et al. Choice modeling and tests of benefit transfer. American Journal of Agricultural Economics，2002，84（1）：161-170.

[206] Mullan K，Kontoleon A. Participation in payments for ecosystem services programmes：accounting for participant heterogeneity. Journal of Environmental Economics & Policy，2012，1（3）：235-254.

[207] Murphy KP. How to use the Bayes Net Toolbox. University of British Columbia，2007.

[208] Nelson E，Mendoza G，Regetz J，et al. Modeling multiple ecosystem services，biodiversity conservation，commodity production，and tradeoffs at landscape scales. Frontiers in Ecology and the Environment，2009，7（1）：4-11.

[209] Nesshöver C，Assmuth T，Irvine KN，et al. The science，policy and practice of nature-based

solutions: An interdisciplinary perspective. The Science of the total environment, 2017, 579: 1215-1227.

[210] Newham LTH, Norton JP, Prosser IP, et al. Sensitivity analysis for assessing the behaviour of a landscape-based sediment source and transport model. Environmental Modelling & Software, 2003, 18 (8-9): 741-751.

[211] Niziolomski C, Liu G, Wong A, et al. Report of forecasting indicators for sustainable forest management: total ecosystem carbon for the Fort Nelson Timber Supply Area. Canadian Forest Products, Fort Nelson Woodlands Division, 2005.

[212] Nuzzo R. Statistical errors. Nature, 2014, 130 (7487): 150-152.

[213] Nyberg JB, Marcot BG, Sulyma R. Using Bayesian belief networks in adaptive management. Canadian Journal of Forest Research, 2006, 36 (12): 3104-3116.

[214] O'Hara P. Enhancing stakeholder participation in national forest programmes: tools for practitioners. Rome: FAO, 2009.

[215] Orsi F, Geneletti D. Identifying priority areas for Forest Landscape Restoration in Chiapas (Mexico): an operational approach combining ecological and socioeconomic criteria. Landscape and Urban Planning, 2010, 94 (1): 20-30.

[216] Ouyang Z, Zheng H, Xiao Y, et al. Improvements in ecosystem services from investments in natural capital. Science, 2016, 352 (6292): 1455-1459.

[217] Pagiola S, Arcenas A, Platais G. Can payments for environmental services help reduce poverty? An exploration of the issues and the evidence to date from Latin America. World Development, 2005, 33 (2): 237-253.

[218] Pagiola S, Bishop J, Landell-Mills N. Selling forest environmental services: Market-based mechanisms for conservation and development. New York: Earthscan; 2002.

[219] Pagiola S, Rios AR, Arcenas A. Poor household participation in payments for environmental services: Lessons from the Silvopastoral project in Quindío, Colombia. Environmental and Resource Economics, 2010, 47 (3): 371-394.

[220] Pascual U, Phelps J, Garmendia E, et al. Social equity matters in payments for ecosystem services. BioScience, 2014, 64 (11): 1-10.

[221] Pasqualini V, Oberti P, Vigetta S, et al. A GIS-based multicriteria evaluation for aiding risk management Pinus pinaster Ait. forests: a case study in Corsican Island, western Mediterranean Region. Environmental management, 2011, 48 (1): 38-56.

[222] Peisert C, Sternfeld E. Quenching Beijing's thirst: The need for integrated management for the endangered Miyun reservoir. China Environment Series, 2005, (7): 33-45.

[223] Polasky S, Nelson E, Pennington D, et al. The impact of land-use change on ecosystem services, biodiversity and returns to landowners: A case study in the state of Minnesota. Environmental and Resource Economics, 2011, 48 (2): 219-242.

[224] Pollino CA, Woodberry O, Nicholson A, et al. Parameterisation and evaluation of a Bayesian network for use in an ecological risk assessment. Environmental Modelling & Software, 2007, 22 (8): 1140-1152.

[225] Poppenborg P, Koellner T. A Bayesian network approach to model farmers' crop choice using socio-psychological measurements of expected benefits of ecosystem services. Environmental Modelling & Software, 2014, 57: 227-234.

[226] Prato T. Multiple attribute evaluation of landscape management. Journal of Environmental Management, 2000, 60 (4): 325-337.

[227] Pykäläinen J, Pukkala T, Kangas J. Alternative priority models for forest planning on the landscape level involving multiple ownership. Forest Policy & Economics, 2001, 2 (3-4): 293-306.

[228] Qin P. Forest and Reform in China: What do the farmers want? A choice experiment on farmers' property rights preferences. Gothenburg: University of Gothenburg, 2009.

[229] Reid RS, Nkedianye D, Said MY, et al. Evolution of models to support community and policy action with science: balancing pastoral livelihoods and wildlife conservation in savannas of East Africa. Proceedings of the National Academy of Sciences, 2016, 113 (17): 4579-4584.

[230] Reynolds KM，Hessburg PF. Decision support for integrated landscape evaluation and restoration planning. Forest Ecology and Management，2005，207（1-2）：263-278.

[231] Rietbergen-McCracken J，Sarre A，Maginnis S. The Forest Landscape Restoration Handbook. London：Earthscan Publications；2006.

[232] Rosa DDL，Moreno JA，Mayol F，et al. Assessment of soil erosion vulnerability in western Europe and potential impact on crop productivity due to loss of soil depth using the Impel ERO model. Agriculture Ecosystems & Environment，2000，81（3）：179-190.

[233] Saaty TL. The analytic hierarchy process. New York：McGraw-Hill，1980.

[234] Sadiq R，Rodríguez MJ，Tesfamariam S. Integrating indicators for performance assessment of small water utilities using ordered weighted averaging（OWA）operators. Expert Systems with Applications，2010，37（7）：4881-4891.

[235] Sadiq R，Tesfamariam S. Probability density functions based weights for ordered weighted averaging（OWA）operators：an example of water quality indices. European Journal of Operational Research，2007，182（3）：1350-1368.

[236] Sahajananthan S. Single and integrated use of forest lands in British Columbia—theory and practice. Vancouver，Canada：The University of British Columbia，1995.

[237] Saltelli A，Chan K，Scott M. Sensitivity Analysis，Probability and Statistics Series. New York：John Wiley & Sons，2000.

[238] Saunders DA，Hobbs RJ，Margules CR. Biological consequences of ecosystem fragmentation：a review. Conservation Biology，1991，5（1）：18-32.

[239] Schneibel A，Stellmes M，Röder A，et al. Evaluating the trade-off between food and timber resulting from the conversion of Miombo forests to agricultural land in Angola using multi-temporal Landsat data. Science of the Total Environment，2016，548-549：390-401.

[240] Shi Z，Yang X，Guo H，et al. Benefits of sandstorm control in China. The Forestry Chronicle，2014，90（02）：132-136.

[241] Siikamäki J，Ji Y，Xu J. Post-reform forestland markets in China. Land Economics，2015，91

（2）：211-234.

[242] Tallis H，Polasky S. Mapping and valuing ecosystem services as an approach for conservation and natural-resource management. Annals of the New York Academy of Sciences，2009，1162：265-283.

[243] Tao F，Yokozawa M，Hayashi Y，et al. A perspective on water resources in China：Interactions between climate change and soil degradation. Climatic Change，2005，68（1-2）：169-197.

[244] Ticehurst JL，Cresswell HP，Jakeman AJ. Using a physically based model to conduct a sensitivity analysis of subsurface lateral flow in south-east Australia. Environmental Modelling & Software，2003，18（8）：729-740.

[245] Ticehurst JL，Curtis A，Merritt WS. Using Bayesian Networks to complement conventional analyses to explore landholder management of native vegetation. Environmental Modelling & Software，2011，26（1）：52-65.

[246] Train KE. Discrete choice：methods with simulation. UK：Cambridge University Press，2003.

[247] Uchida E，Rozelle S，Xu JT. Conservation payments，liquidity constraints，and off-farm labor：impact of the Grain-for-Green program on rural households in China. American Journal of Agricultural Economics，2009，91（1）：70-86.

[248] Uchida E，Xu J，Rozelle S. Grain for Green：cost-effectiveness and sustainability of China's conservation set-aside program. Land Economics，2005，81（2）：247-264.

[249] Uchida E，Xu J，Xu Z，et al. Are the poor benefiting from China's land conservation program? Environment and Development Economics，2007，12（4）：593.

[250] USDA. Conservation programs 2016 [cited 2016 September 4]. Available from：http://www.fsa.usda.gov/programs-and-services/conservation-programs/prospective-participants/index.

[251] USEPA. Framework for ecological risk assessment. Washington D.C.：USEPA，1992 Contract No.：EPA/630/R-92/001.

[252] USEPA. Guidelines for ecological risk assessment. Washington D.C.：USEPA，1998 Contract No.：EPA/630/R-95/002F.

[253] Valente RdOA，Vettorazzi CA. Definition of priority areas for forest conservation through the ordered weighted averaging method. Forest Ecology and Management，2008，256（6）：1408-1417.

[254] Ventre AGS，Maturo A，Hošková-Mayerová Š，et al. Multicriteria and multiagent decision making with applications to economics and social sciences：springer berlin heidelberg，2013：120-130.

[255] Voogd H. Multicriteria Evaluation for Urban and Regional Planning London：Pion Ltd.；1983.

[256] Wang Y，Xiong W，Gampe S，et al. A water Yield-Oriented practical approach for multifunctional forest management and its application in dryland regions of China. Journal of the American Water Resources Association，2015，51（3）：689-703.

[257] Wünscher T，Engel S，Wunder S. Spatial targeting of payments for environmental services：a tool for boosting conservation benefits. Ecological Economics，2008，65（4）：822-833.

[258] Watson RT，Noble IR，Bolin B，et al. Land use，land use change，and forestry. Cambridge，England：Cambridge University Press，2000.

[259] Whalley J，Zhang S. A numerical simulation analysis of（Hukou）labour mobility restrictions in China. Journal of Development Economics，2007，83（2）：392-410.

[260] Wossink GAA. Biodiversity conservation by farmers：analysis of actual and contingent participation. European Review of Agriculture Economics，2003，30（4）：461-485.

[261] Wu J，Hobbs RJ. Key Topics in Landscape Ecology. Cambridge University Press，2007.

[262] Wu X，Jiang Z，Zhang L，et al. Dynamic risk analysis for adjacent buildings in tunneling environments：a Bayesian network based approach. Stochastic Environmental Research and Risk Assessment，2015，29（5）：1447-1461.

[263] Wunder S. Revisiting the concept of payments for environmental services. Ecological Economics，2015，117：234-243.

[264] Wunder S，Engel S，Pagiola S. Taking stock：a comparative analysis of payments for environmental services programs in developed and developing countries. Ecological

Economics，2008，65（4）：834-852.

[265] Xu J，Yin R，Li Z，et al. China's ecological rehabilitation：unprecedented efforts，dramatic impacts，and requisite policies. Ecological Economics，2006，57（4）：595-607.

[266] Xu X，Lin H，Fu Z. Probe into the method of regional ecological risk assessment-a case study of wetland in the Yellow River Delta in China. Journal of environmental management，2004，70（3）：253-262.

[267] Yager RR. On ordered weighted averaging aggregation operators in multicriteria decisionmaking. IEEE Transactions on Systems Man & Cybernetics，1988，18（1）：80-87.

[268] Yager RR，Kacprzyk J，Beliakov G. Recent developments in the ordered weighted averaging operators：theory and practice：springer berlin heidelberg，2011.

[269] Yin R，Yin G，Li L. Assessing China's ecological restoration programs：what's been done and what remains to be done? Environmental Management，2010，45（3）：442-453.

[270] Zbinden S，Lee DR. Paying for environmental services：An analysis of participation in Costa Rica's PSA program. World Development，2005，33（2）：255-272.

[271] Zhan C，Song X，Xia J，et al. An efficient integrated approach for global sensitivity analysis of hydrological model parameters. Environmental Modelling & Software，2013，41：39-52.

[272] Zhang B，Li W，Xie G，et al. Water conservation of forest ecosystem in Beijing and its value. Ecological Economics，2010a，69（7）：1416-1426.

[273] Zhang Y，Min C，Zhou W，et al. Evaluating Beijing's human carrying capacity from the perspective of water resource constraints. Journal of Environmental Sciences，2010b，22（8）：1297-1304.

[274] Zhao YH，He XY，Hu YM，et al. Landscape pattern change in the upper valley of Min River. Journal of Forestry Research，2005，16（1）：31-34.

[275] Zheng H，Li Y，Robinson BE，et al. Using ecosystem service trade-offs to inform water conservation policies and management practices. Frontiers in Ecology and the Environment，2016，14（10）：527-532.

[276] Zheng H，Robinson BE，Liang YC，et al. Benefits，costs，and livelihood implications of a regional payment for ecosystem service program. Proceedings of the National Academy of Sciences of the United States of America，2013，110（41）：16681-16686.

[277] Zhou Y，Zhang Y，Abbaspour KC，et al. Economic impacts on farm households due to water reallocation in China's Chaobai watershed. Agricultural Water Management，2009，96（5）：883-891.

[278] Zoras S，Triantafyllou AG，Hurley PJ. Grid sensitivity analysis for the calibration of a prognostic meteorological model in complex terrain by a screening experiment. Environmental Modelling & Software，2007，22（1）：33-39.